Ophelia Nick

Das 4-Wochen
Erziehungsprogramm für Hunde

Ulmer

1. Woche

In der ersten Woche brauchen Sie viel Geduld, gute Leckerchen und natürlich Lust und Spaß am Trainieren ...

17

2. Woche

Wenn Hunde nicht im Traum daran denken, sich hinzulegen und auch liegen zu bleiben ...

33

3. Woche

Ihr Hund zieht an der Leine und denkt nicht daran, locker zu lassen? Lesen Sie hier, was Sie dagegen tun können.

49

4. Woche

Was Langeweile auf dem Spaziergang mit dem Jagdtrieb zu tun hat und was Sie üben können.

69

Hundeerziehung: Basics

Mit ein wenig Basiswissen können Sie sofort mit dem Trainingsprogramm durchstarten ...

7

Service

90

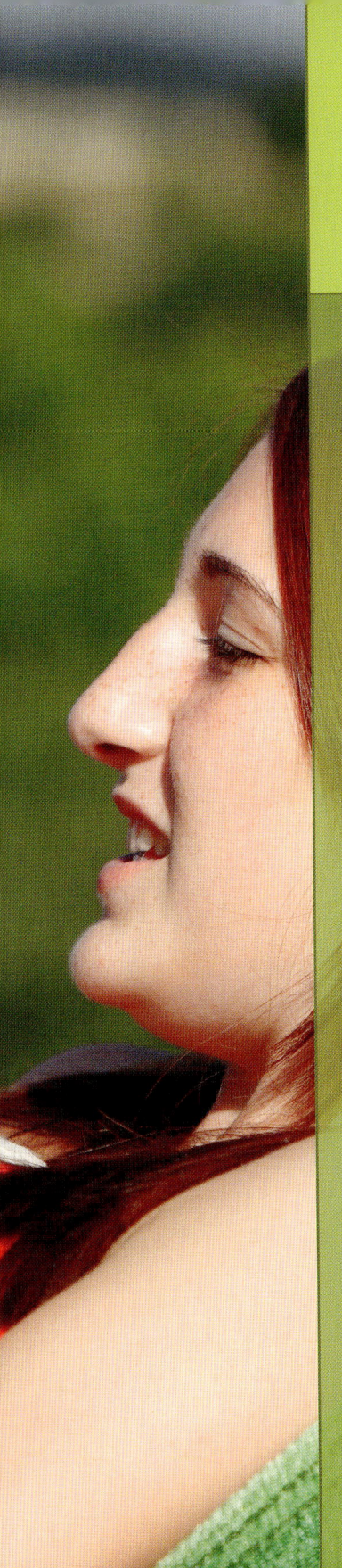

Hundeerziehung: Basics

Damit Sie und Ihr Hund ein gutes Team werden ...

> soll eine vertrauensvolle Bindung zwischen Ihnen und Ihrem Hund aufgebaut werden,

> soll Ihr Hund freudig, aber auch zuverlässig Ihren Anweisungen folgen,

> müssen Kommandos so gründlich geübt werden, dass sie auch in aufregenden Situationen ausgeführt werden können,

> soll sich Ihr Hund Ihrem Leben anpassen – so wie Sie Ihren Alltag auch auf ihn einstellen.

Neben dem täglichen Trainingsplan ...

> lernen Sie jeden Tag ein neues Kommando oder ein bereits gelerntes wird vertieft,

> bietet jeder Tag neue Basics: Abwechslung beim Spazieren gehen, Körpersprache des Hundes, gesetzliche Regelungen und vieles mehr.

Gutes Benehmen – (k)ein Traum?

Sie möchten ins Restaurant gehen und Ihren Hund mitnehmen?
Er soll sich auf seine Decke legen, dort liegen bleiben und ruhig
sein? Lesen Sie, wie das geht ...

Schritt für Schritt ...

Sie wollen Ihren Hund gewaltfrei
erziehen? Sie wollen Erfolge sehen? Sie
wollen eine klare Hilfestellung, ohne
sich mit komplizierten Erziehungs-
theorien herumzuquälen? Dann halten
Sie sich einfach an das Programm
dieses Buches.

Die Übungen sind so aufgebaut,
dass Sie und Ihr Hund schrittweise und
gründlich lernen. Wahrscheinlich haben

Aha!

Es klappt nicht?

Suchen Sie den Fehler zuerst
bei sich selbst! Der Hund spiegelt
in den meisten Fällen nur unser
Fehlverhalten wider.

Sie es schon geahnt: In erster Linie
müssen Sie als Mensch lernen. Denn ein
Hund spiegelt oft das Fehlverhalten seines Besitzers. Klappt also etwas nicht,
fragen Sie sich immer zuerst: Was habe
ich falsch gemacht?

Durch die übersichtliche Gliederung
und die Trainingseinheiten für jeden Tag
haben Sie einen genauen Übungsplan
für die nächsten vier Wochen.

Die Übungen sind auf den Alltag mit
Ihrem Hund ausgerichtet: Grundgehorsam, Spaziergänge, Besuch empfangen
und vieles mehr. Sie lernen mit diesen
Übungen, die alltäglichen Hürden im
Leben eines Hundebesitzers stressfrei
zu bewältigen. Darüber hinaus soll ein
sicheres, vertrauensvolles Verhältnis
zwischen Ihnen und Ihrem Hund erar-
beitet werden.

Natürlich gibt das Buch keine Ga-
rantie, dass Ihr Hund in vier Wochen
perfekt folgt, und sicher werden nicht
alle Übungen im angegebenen Zeit-

Sie werden sich in den nächsten Wochen viel mit ihm
beschäftigen – dann ist Ihre Zeitung sicher vor ihm ...

raum klappen. Nehmen Sie sich einfach die Zeit, die Sie und Ihr Hund für das Erlernen der Übungen brauchen und setzen Sie weder sich noch Ihren Hund unter Stress oder Zeitdruck. Der Weg ist das Ziel – auch in der Hundeerziehung!

Für wen?

Dieses Buch richtet sich an Hundebesitzer mit mindestens sechs Monate alten Hunden. Welpen würde dieses Trainingsprogramm überfordern! Hier empfehle ich ein spezielles Welpenbuch und den Besuch einer Welpenschule.

Dieses Trainingsprogramm ist außerdem sehr hilfreich, wenn Sie einen erwachsenen Vierbeiner, der nicht immer sofort und gern folgt, im Haus haben. Auch für das Auffrischen des Gehorsams ist dieses Buch geeignet.

Das Ziel – ein gut erzogener Hund – ist außerdem abhängig von den Voraussetzungen, die Ihr Hund mitbringt. Ist Ihr Hund in seiner Welpen- und Jugendzeit nicht ausreichend gefördert worden, oder ist er sogar durch Vorfälle traumatisiert, werden Sie nicht in allen Bereichen „Höchstleistungen" erwarten können. Trotzdem profitieren diese Hunde von diesem Trainingsprogramm, denn gerade ängstliche und unsichere Hunde können durch klare Regeln Sicherheit gewinnen.

Das zusätzliche Lernen in einer Hundeschule oder einem Hundeverein ist grundsätzlich empfehlenswert. Dem Hund werden in einer Hundeschule Sozialkontakte geboten und das Lernen in Gegenwart anderer Hunde festigt seine Erziehung. Verlassen Sie sich bei der Wahl der Hundeschule auf Ihr Gefühl und auf Ihren gesunden Hundeverstand. Nur wenn Sie sich in der Hundeschule wohlfühlen, ist eine sinnvolle

Lernt der Welpe schon in seiner Kinderstube das „richtige Leben" kennen, kann er sich später gut darin zurechtfinden.

Erziehung Ihres Hundes möglich. Fragen Sie einfach, ob Sie bei einem Probetraining mitmachen können oder sich eine Stunde ansehen dürfen.

Aha!

Wie gut kennen Sie den Lebenslauf Ihres Hundes?

Bei einem guten und verantwortungsvollen Züchter werden Welpen liebevoll, sorgfältig und aufwendig auf ihr späteres Leben vorbereitet. Dort lernt der Kleine andere Tiere, Kinder, unterschiedliche Objekte, Geräusche und vieles mehr kennen. Das wirkt sich positiv auf seine spätere Lernfähigkeit aus, aber ganz besonders auch auf sein Sozialverhalten.

Ihr Hund soll seine Persönlichkeit behalten – ein verlässlicher Partner ist das Ziel Ihrer Erziehung.

Der Hund und die Hundeerziehung?

Jeder Hund und jeder Mensch ist anders. Es wäre unprofessionell, alle Hunde über einen Kamm scheren zu wollen und eine dogmatische Hundeerziehung vorzustellen, nach der alle Hunde erzogen werden können.

Manche Hunde lernen eine bestimmte Übung sehr schnell, bei einer anderen tun sie sich wieder schwer. Jeder Hund reagiert zudem individuell auf die Ansprache seines Menschen. Wird die Stimme schärfer, gibt es Hunde, die vor Schreck eine Lernblockade haben. Einige Hunde haben Angst vor bestimmten Dingen und können deshalb ein Kommando nicht ausführen. Manche Hunde sind sehr lebendig und schnell, andere eher gemütlich und langsam.

Hinzu kommt, dass auch wir Menschen im Umgang mit unseren Hunden sehr unterschiedlich sind: Manche Hundebesitzer haben ihren Hund zum Kuscheln auf dem Sofa, andere halten ihren Hund draußen im Zwinger.

Es gibt so viele unterschiedliche Persönlichkeiten, Rasseeigenschaften und Vorlieben bei unseren Hunden, dazu haben wir selber unterschiedliche Bedürfnisse, Vorstellungen und Meinungen im Zusammenleben mit unseren Hunden.

Verlieren Sie bei aller Erziehung Ihre Bedürfnisse und die Ihres Hundes nicht aus den Augen!

Was heißt „Gehorsam"?

Die Vorstellung, Hundeerziehung bedeute strengen Drill, ist mittlerweile überholt. Viele Hundebesitzer möchten aus ihrem Hund einen alltagstauglichen Gefährten machen, der freudig, schnell und zuverlässig gehorcht. Dabei möchten sie aber keine Zwangsmaßnahmen einsetzen, sondern überwiegend mit Belohnungen arbeiten.

> Gehorsam ist immer individuell: Er ist von Ihren speziellen Lebensumständen geprägt und davon, was Sie von Ihrem Hund erwarten. Sie sollen in Ihrem Alltag mit Ihrem Hund auskommen. Jedes Mensch-Hund-Team ist einzigartig.
> Gehorsam bedeutet: Eine vertrauensvolle Beziehung zwischen Ihnen und Ihrem Hund, Verlässlichkeit im Befolgen eines Kommandos – auch unter unvorhergesehenen Umständen.
> Gehorsam bedeutet auch, Verständnis für das Wesen Ihres Hundes zu haben. Ein guter Gehorsam sorgt für einen entspannten Alltag mit Ihrem Vierbeiner. Dieses Buch soll Ihnen und Ihrem Hund helfen, das zu erreichen.

Aufbau eines Kommandos

Erinnern Sie sich noch daran, wie Sie lesen gelernt haben? Erst wurden die Buchstaben einstudiert und wiederholt. Dann folgten Silben und einfache Wörter. Erst nach geraumer Zeit wurden ganze Sätze eingeführt, und bis Sie flüssig lesen konnten, musste noch eine ganze Weile geduldig geübt werden.

Verglichen mit der Hundeerziehung bedeutet das Folgendes: Erst muss der Hund das Kommando kennenlernen. Nach etwa 100 erfolgreichen Wiederholungen hat der Hund das Kommando

Aha!

Angepasst!

Ihr Hund muss in Ihren Alltag passen – Sie selbst müssen entscheiden, was er für ein entspanntes Zusammenleben können soll und muss.

begriffen, so wie das Kind einen Buchstaben gelernt hat. Erst dann kann man beginnen, das Kommando auch unter leichten Ablenkungen zu trainieren. Dann kommen stärkere Ablenkungen dazu, etwa ein voller Futternapf oder ein rollender Ball. Für jeden Hund stellt etwas anderes eine Ablenkung dar: Bei dem einen ist es Nachbars Katze, bei dem anderen der Lieblingsball und beim dritten ein anderer Hund – und schon

Je sorgfältiger Sie die Übungen zu Beginn machen, umso verlässlicher wird der Gehorsam Ihres Hundes.

Die richtige Belohnung führt Sie schneller ans Ziel. Finden Sie heraus, was Ihr Hund super findet, dann wird er freudig und schnell lernen.

Gehen Sie immer langsam und in logischer Reihenfolge vor. Verlangen Sie nicht von Ihrem Hund, dass er B macht, bevor er A kann. Halten Sie sich am besten an den im Buch vorgegebenen Ablauf.

Denken Sie immer daran: Ein Kind kann nicht lesen lernen, wenn es die Buchstaben vorher nicht kennengelernt hat. Genauso geht es Ihrem Hund, wenn Sie ein Kommando verlangen, ohne zunächst die Grundlagen gelegt zu haben.

Wieso belohne ich meinen Hund?

Hunde müssen ihr Tun als sinnvoll begreifen – da sind sie uns Menschen sehr ähnlich. Aus Sicht eines Hundes aber sind unsere Kommandos absolut sinnlos. Wieso gehorchen, wenn das Spielen mit einem anderen Hund viel lustiger ist? Wieso das Essen auf dem Tisch nicht anrühren, wenn es doch so gut riecht? Das macht aus Hundesicht einfach keinen Sinn.

Wir als Besitzer müssen daher beim Training mit unseren Hund immer daran denken, dass wir es wichtig finden – nicht aber unser Hund. Wenn wir trotzdem wollen, dass der Vierbeiner die Regeln des Zusammenlebens kennt und befolgt, dann müssen wir sie für ihn sinnvoll machen.

Entweder unterlässt er etwas, weil er weiß, dass die Handlung unangenehme Folgen haben kann. Zum Beispiel „denkt" Ihr Hund: „Wenn ich die Wurst von Tisch hole, gibt es ein Riesengeschrei. Ich möchte kein Geschrei. Also macht es Sinn, die Wurst auf dem Tisch liegen zu lassen."

Oder er tut etwas, weil er dafür belohnt wird. Er weiß: „Wenn mein Mensch ‚Sitz!' sagt und ich setze mich

gehorcht er nicht mehr! Das Gehorchen, auch unter schwierigen Bedingungen, ist ein Ziel dieses Trainingsleitfadens.

Nicht überfordern

Arbeiten Sie sich gemeinsam mit Ihrem Hund in kleinen Schritten voran. Wenn Sie merken, dass eine Übung für Ihren Hund zu schwierig ist, gehen Sie lieber einen Schritt zurück, festigen bekannte Aufgaben und probieren es später mit der neuen Aufgabe erneut.

Aha!

Logisch!

Denken Sie daran: Ein Hund macht nur das, was aus seiner Sicht sinnvoll ist.

hin, dann lobt er mich mit angenehmer Stimme und ich bekomme etwas Leckeres. Das macht Sinn, ich setze mich gerne hin."

Wir können daraus folgern: Befolgt Ihr Hund ein bekanntes Kommando nicht, ist die Belohnung nicht sinnvoll (schmackhaft) genug oder die Strafe nicht stark genug. Versuche haben gezeigt, dass Hunde über Belohnung deutlich schneller und vor allem nachhaltiger lernen als über Strafe. Das ist auch logisch: Strafen ist mit Angst verknüpft und Angst blockiert die Lernzentren im Gehirn. Wenn das Gehirn Angst meldet, dann wird alles auf Abwehr oder auf Flucht eingestellt, die Lernzentren werden dabei weitgehend ausgeschaltet. Hierbei handelt es sich um einen biologischen Vorgang, der bei allen Säugetieren gleich ist.

Leider ist die Futterbelohnung bei einigen Hundehaltern und -trainern wenig beliebt. Denken Sie doch einmal um die Ecke: Wer geht denn schon aus Liebe zum Chef arbeiten, ohne am Monatsende Geld zu erwarten … Das nämlich würden wir, natürlich im übertragenen Sinne, von unserem Hund erwarten.

Erziehung soll Spaß machen. Hunde freuen sich, wenn Sie eine knifflige Aufgabe bewältigt haben.

Für eine tolle Belohnung kommt man doch gerne …

Schlank trotz Leckerchen

Ziehen Sie die Futterbelohnung von der normalen Futterration ab, dann hält Ihr Vierbeiner seine schlanke Figur.

Als Belohnung eignen sich viele Dinge – all das, was Ihr Hund jetzt gerne tun würde oder gerne hätte: Leckerchen, Spielzeug, eine Toberunde mit Ihnen oder einem befreundeten Hund, ruhiges Streicheln, verbales Lob, Schnüffeln, usw. Finden Sie heraus, was Ihr Hund am tollsten findet und sparen Sie am Anfang nicht damit! Später können Sie die Belohnung nach und nach ausschleichen. Völlig darauf verzichten können und sollen Sie allerdings nie – aber machen Sie die Belohnung spannend und die Gabe für Ihren Hund unberechenbar, so bleibt er immer „bei der Stange".

Der „Fahrplan"

Die Übungen in diesem Buch sind so aufgebaut, dass der Hund nicht nur einzelne Kommandos lernt, sondern sie auch unter verschiedenen Bedingungen festigt (generalisiert). Ein Hund lernt eine neue Übung unter bestimmten Bedingungen und Einflüssen – dies bedeutet aber nicht, dass er diese Übung auch unter geänderten Umständen beherrscht, auch dies muss erst trainiert werden. Generalisieren heißt, der Hund lernt, eine bestimmte Übung in jeder Situation und an jedem Ort auszuführen.

Einige Übungen sollen zudem die Beziehung zwischen Ihnen und Ihrem Hund stärken, andere die Rangordnung betonen – dafür müssen Sie klare Regeln festlegen! Außerdem werden Sie im Laufe der vier Wochen lernen, Ihren Hund besser zu verstehen.

Hundeerziehung ist nicht das stupide Einüben von Kommandos. Sie finden in diesem Buch einen Weg, der das Zusammenleben zwischen Ihnen und Ihrem Hund insgesamt verbessert: Verständnis füreinander, klare (Spiel-) Regeln im Zusammenleben. Es sind oft einfache Maßnahmen, die Erziehungsprobleme lösen können.

Übungsaufbau

Die Übungen bauen aufeinander auf, daher ist es wichtig, die Reihenfolge einzuhalten. Beherrscht Ihr Hund bereits das eine oder andere Kommando, arbeiten Sie trotzdem das Programm durch. Freuen Sie sich einfach, dass an diesem Tag alles besser klappt.

Lesen Sie sich immer zuerst das Tages-thema durch. Erklärungen zu einzelnen Begriffen können Sie auf Seite 90 nach-schlagen. Anschließend lesen Sie sich das Tageskommando beziehungsweise die Tagesübung durch. Danach nehmen Sie sich den Tagesplan des jeweiligen Tages vor.

Die Übungen beginnen sehr ein-fach. Bitte überspringen Sie trotzdem keinen Abschnitt! Für eine erfolgreiche Hundeerziehung ist es sehr wichtig, ganz leicht zu starten. Sie und Ihr Hund müssen ein Gefühl für die kommenden vier Wochen bekommen. Zu viel Ehrgeiz zu Beginn wird zwangsläufig in Enttäu-schung enden.

Wichtig: Auch wenn Sie merken, dass es richtig gut läuft, gehen Sie nicht schneller vor, als dieses Buch es Ihnen vorgibt! Sie könnten Ihren Hund über-fordern, die Übungen werden dadurch ungenau und fehlerhaft. Wenn Sie sich an dieses Erziehungsprogramm und die

Grundlagen für eine effektive Hundeerziehung:

> Regelmäßiges Üben
> Eine gute Beziehung zwischen Hund und Hundeführer
> Eine klare Rangordnung
> Gegenseitiges Verständnis

Zeitvorgaben halten, legen Sie ohnehin schon ein atemberaubendes Tempo vor.

Pro Tag gibt es etwa vier Übungsein-heiten à fünf Minuten, zudem Übun-gen, die in den Alltag eingebaut werden können und wenig Zeit benötigen.

Benutzen Sie die Kommandos an-fangs noch nicht im Alltag, sondern im-mer nur in der „Übungsstunde"! Wenn Sie ein neues Kommando zu schnell in den Alltag einführen, obwohl es noch nicht wirklich „sitzt", wird Ihr Hund auch nicht zuverlässig darauf hören.

Tagesthema   wichtiger Hinweis   Tageskommando bzw. Tagesübung   Tagesplan Schritt für Schritt   Fehlerkompass

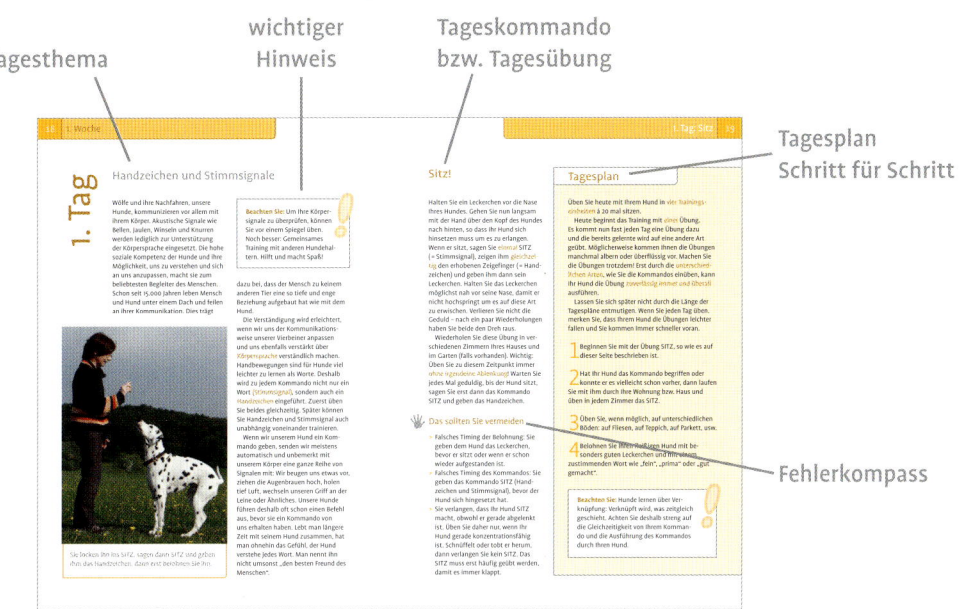

1. Woche

Bevor Sie mit dem Training anfangen, beachten Sie immer diese drei Punkte:

1 Ihr Hund sollte **ausgelastet** sein. Er ist dann weniger aufgeregt und kann sich besser konzentrieren. Planen Sie einfach vor dem Training einen kleinen Spaziergang ein.

2 Er soll **hungrig** sein oder zumindest einen guten Appetit haben. Fressen vor dem Training ist also tabu.

3 Die **Leckerchen** müssen so gut sein, dass der Hund auch bereit ist, etwas dafür zu tun (Fleischwurst, Leberwurst, Käse). Sie dürfen aber auch nicht so gut sein, dass Ihr Hund vor lauter Fressgier nicht mehr weiß, wo oben und unten ist. Das ist von Hund zu Hund unterschiedlich – Sie kennen Ihren Hund und wissen sicher, welche Leckerchen geeignet sind. Falls nicht, probieren Sie es einfach aus.

1. Tag

Handzeichen und Stimmsignale

Wölfe und ihre Nachfahren, unsere Hunde, kommunizieren vor allem mit ihrem Körper. Akustische Signale wie Bellen, Jaulen, Winseln und Knurren werden lediglich zur Unterstützung der Körpersprache eingesetzt. Die hohe soziale Kompetenz der Hunde und ihre Möglichkeit, uns zu verstehen und sich an uns anzupassen, macht sie zum beliebtesten Begleiter des Menschen. Schon seit 15.000 Jahren leben Mensch und Hund unter einem Dach und feilen an ihrer Kommunikation. Dies trägt

> **Beachten Sie:** Um Ihre Körpersignale zu überprüfen, können Sie vor einem Spiegel üben. Noch besser: Gemeinsames Training mit anderen Hundehaltern. Hilft und macht Spaß!

dazu bei, dass der Mensch zu keinem anderen Tier eine so tiefe und enge Beziehung aufgebaut hat wie mit dem Hund.

Die Verständigung wird erleichtert, wenn wir uns der Kommunikationsweise unserer Vierbeiner anpassen und uns ebenfalls verstärkt über Körpersprache verständlich machen. Handbewegungen sind für Hunde viel leichter zu lernen als Worte. Deshalb wird zu jedem Kommando nicht nur ein Wort (Stimmsignal), sondern auch ein Handzeichen eingeführt. Zuerst üben Sie beides gleichzeitig. Später können Sie Handzeichen und Stimmsignal auch unabhängig voneinander trainieren.

Wenn wir unserem Hund ein Kommando geben, senden wir meistens automatisch und unbemerkt mit unserem Körper eine ganze Reihe von Signalen mit: Wir beugen uns etwas vor, ziehen die Augenbrauen hoch, holen tief Luft, wechseln unseren Griff an der Leine oder Ähnliches. Unsere Hunde führen deshalb oft schon einen Befehl aus, bevor sie ein Kommando von uns erhalten haben. Lebt man längere Zeit mit seinem Hund zusammen, hat man ohnehin das Gefühl, der Hund verstehe jedes Wort. Man nennt ihn nicht umsonst „den besten Freund des Menschen".

Sie locken ihn ins SITZ, sagen dann SITZ und geben ihm das Handzeichen, dann erst belohnen Sie ihn.

SITZ

Halten Sie ein Leckerchen vor die Nase Ihres Hundes. Gehen Sie nun langsam mit der Hand über den Kopf des Hundes nach hinten, so dass Ihr Hund sich hinsetzen muss um es zu erlangen. Wenn er sitzt, sagen Sie einmal SITZ (= Stimmsignal), zeigen ihm gleichzeitig den erhobenen Zeigefinger (= Handzeichen) und geben ihm dann sein Leckerchen. Halten Sie das Leckerchen möglichst nah vor seine Nase, damit er nicht hochspringt um es auf diese Art zu erwischen. Verlieren Sie nicht die Geduld – nach ein paar Wiederholungen haben Sie beide den Dreh raus.

Wiederholen Sie diese Übung in verschiedenen Zimmern Ihres Hauses und im Garten (falls vorhanden). Wichtig: Üben Sie zu diesem Zeitpunkt immer ohne irgendeine Ablenkung! Warten Sie jedes Mal geduldig, bis der Hund sitzt, sagen Sie erst dann das Kommando SITZ und geben das Handzeichen.

Das sollten Sie vermeiden

> Falsches Timing der Belohnung: Sie geben dem Hund das Leckerchen, bevor er sitzt oder wenn er schon wieder aufgestanden ist.
> Falsches Timing des Kommandos: Sie geben das Kommando SITZ (Handzeichen und Stimmsignal), bevor der Hund sich hingesetzt hat.
> Sie verlangen, dass Ihr Hund SITZ macht, obwohl er gerade abgelenkt ist. Üben Sie daher nur, wenn Ihr Hund gerade konzentrationsfähig ist. Schnüffelt oder tobt er herum, dann verlangen Sie kein SITZ. Das SITZ muss erst häufig geübt werden, damit es immer klappt.

Tagesplan

Üben Sie heute mit Ihrem Hund in vier Trainingseinheiten á 20 mal sitzen.

Heute beginnt das Training mit einer Übung. Es kommt nun fast jeden Tag eine Übung dazu und die bereits gelernte wird auf eine andere Art geübt. Möglicherweise kommen Ihnen die Übungen manchmal albern oder überflüssig vor. Machen Sie die Übungen trotzdem! Erst durch die unterschiedlichen Arten, wie Sie die Kommandos einüben, kann Ihr Hund die Übung zuverlässig immer und überall ausführen.

Lassen Sie sich später nicht durch die Länge der Tagespläne entmutigen. Wenn Sie jeden Tag üben, merken Sie, dass Ihrem Hund die Übungen leichter fallen und Sie kommen immer schneller voran.

1 Beginnen Sie mit der Übung SITZ, so wie es auf dieser Seite beschrieben ist.

2 Hat Ihr Hund das Kommando begriffen oder konnte er es vielleicht schon vorher, dann laufen Sie mit ihm durch Ihre Wohnung bzw. Haus und üben in jedem Zimmer das SITZ.

3 Üben Sie, wenn möglich, auf unterschiedlichen Böden: auf Fliesen, auf Teppich, auf Parkett, usw.

4 Belohnen Sie Ihren fleißigen Hund mit besonders guten Leckerchen und mit einem zustimmenden Wort wie „fein", „prima" oder „gut gemacht".

Beachten Sie: Hunde lernen über Verknüpfung: Verknüpft wird, was zeitgleich geschieht. Achten Sie deshalb streng auf die Gleichzeitigkeit von Ihrem Kommando und die Ausführung des Kommandos durch Ihren Hund.

2. Tag

Belohnung und Auflösungskommando

Jedes Wesen freut sich über eine Belohnung. Für uns Menschen kann ein saftiges Gehalt, ein zufriedener Kunde oder das Lächeln einer uns nahestehenden Person eine Belohnung sein.

Fast jeder Hund empfindet Futter als Belohnung. Steht der Futternapf aber immer gefüllt in der Ecke, ist Futter nichts Besonderes mehr: Da es sowieso jederzeit verfügbar ist, wäre es unlogisch, sich dafür anzustrengen. Egal, wie schlecht ein Hund sich benimmt – um sein Futter müsste er sich keine Sorgen machen. Warum sollte er also seinen Gehorsam verbessern? Aus seiner Sicht absolut sinnlos!

Beachten Sie: Durch richtiges Lob lernt Ihr Hund freudig und schnell. Hunde – genauso wie Menschen – brauchen Anerkennung. Strafe hingegen verlangsamt Lernen.

Ab dem heutigen Tag bekommt Ihr Hund einen Teil seines Futters nur dann, wenn er etwas dafür getan hat. Sonst bleibt der Futternapf leer!

Folgende Übung steigert die Attraktivität von Futter und trainiert gleichzeitig den Gehorsam – für verfressene Hunde ist sie wahrscheinlich die Schwerste des ganzen Buches. Nehmen Sie den vollen Futternapf, am besten Trockenfutter, und stellen Sie sich damit vor Ihren Hund. Nehmen Sie ein Bröckchen aus dem Napf und machen mit Ihrem Hund ein paar Mal die SITZ-Übung. Klappt das, versuchen Sie nach dem Hinsetzen Ihres Hundes den Napf langsam auf den Boden zu stellen. Sollte der Hund aufstehen, während Sie den Napf hinstellen, nehmen Sie den Napf sofort wieder hoch. Der Hund muss warten, bis Sie den Napf hingestellt haben. Er darf erst aufstehen und zum Napf gehen, wenn Sie LAUF sagen.

Ab jetzt gilt: Der Hund darf die jeweilige Position erst dann beenden, wenn Sie das Kommando zum Beispiel mit LAUF auflösen. LAUF ist also ein Auflösungskommando. Haben Sie einen extrem verfressenen Kandidaten, dem es zum jetzigen Zeitpunkt unmöglich ist, diese Übung auszuführen, sollte Ihr Ziel sein, dass er wenigstens ein paar Sekunden ruhig sitzen bleibt.

Macht Ihr Hund die Übung richtig? Dann belohnen Sie ihn großzügig mit Futter oder einem Spiel.

Das sollten Sie vermeiden

> Sie sagen zu Ihrem Hund SITZ, freuen sich über seine spontane Folgsamkeit und kümmern sich nicht weiter um ihn. Früher oder später wird er den Befehl von sich aus auflösen. So lernt er, dass er nur solange SITZ machen muss, wie er es für richtig hält.
> Sie gehen einkaufen, binden Ihren Hund vor dem Laden an und sagen SITZ. Dann gehen Sie hinein. Der Hund wird wahrscheinlich aufstehen und lernt so, Befehle fehlerhaft zu befolgen. Geben Sie ihm hier also lieber kein Kommando.

Generell gilt: Verlangen Sie von Ihrem Hund das Kommando nur, wenn Sie ganz sicher sind, dass er es befolgen kann.

Erst wenn Sie das Kommando LAUF geben, darf ihr Hund zum Fressen. Sonst kommt es weg.

Tagesplan

Auch heute am zweiten Tag wird wieder SITZ geübt, um das Kommando zu festigen. Außerdem wird das Auflösungssignal eingeführt und trainiert.

1 Üben Sie dreimal am Tag SITZ (je 20 Mal) in verschiedenen Räumen Ihres Zuhauses und im Garten oder auf dem Balkon. Nachdem er sich hingesetzt hat, geben Sie Ihrem Hund sofort seine Belohnung. Lösen Sie dann das Kommando mit LAUF auf. Achten Sie darauf, dass der Hund nicht direkt nach dem Erhalten der Belohnung aufsteht, sondern erst dann, wenn Sie LAUF sagen. Also lautet die Reihenfolge: Leckerchen – warten – LAUF! Steigern Sie ganz langsam den Zeitabstand zwischen dem Belohnen und dem Auflösungskommando.
Nach dem Auflösungskommando kann auch gespielt werden. Der Hund soll klar den Unterschied zwischen Kommando und Freizeit verstehen.

2 Füttern Sie Ihren Hund morgens und abends mit der nebenan beschriebenen Übung. Den Futternapf bekommt Ihr Hund nur dann, wenn er die Übung korrekt befolgt und brav auf Ihr Zeichen wartet. Wenn Ihr Vierbeiner keine Anstalten macht, den Befehl zu befolgen, stellen Sie den Napf für fünf Minuten weg. Probieren Sie es dann erneut.

3 Üben Sie pro Spaziergang zehnmal SITZ. Achten Sie darauf, dass keine Ablenkungen, zum Beispiel Hunde, in der Nähe sind. Belohnen Sie den Hund und lösen Sie das SITZ mit einem LAUF auf.

Beachten Sie: Jedes Kommando wird mit LAUF aufgelöst! Wiederholen Sie die Übung, wenn ihr Hund unerlaubt aufsteht. Machen Sie es ihm am Anfang leicht und halten Sie die Übungen kurz.

3. Tag

Timing

Um beim Training erfolgreich zu sein, kommt es auf ein gutes Timing an. „Timing" bedeutet hier: Alle Handlungen müssen möglichst zeitgleich oder zumindest innerhalb weniger Sekunden erfolgen. Damit sind tatsächlich nur ein bis zwei Sekunden gemeint! Das bedeutet in der Praxis: Sie belohnen Ihren Hund in genau dem Augenblick, in dem er das gewünschte Verhalten zeigt. Nicht eine Sekunde vorher oder später.

Punktgenau zu belohnen ist eine große Kunst. Manche Menschen haben ihre liebe Mühe damit. Aber nicht

Beachten Sie: Ihr Hund bekommt nur dann ein Leckerchen, wenn er es vorsichtig aus Ihrer Hand nimmt. Ansonsten verschließen Sie es fest in Ihrer Faust!

verzagen: Übung macht den Meister! In dem Moment, in dem Ihr Hund das gewünschte Verhalten zeigt, loben Sie ihn direkt mit einem freundlich ausgesprochenen Lobwort („fein", „prima", „guter Hund") und geben zeitgleich ein Leckerchen. Zunächst ist es gar nicht so einfach, alles gleichzeitig hinzubekommen.

Steht Ihr Hund auf, schließen Sie sofort die Tür. Erst nach dem Kommando LAUF darf er aufstehen.

Die Übung mit der Tür

Vielleicht haben sie schon davon gehört, dass der Mensch immer vor dem Hund durch die Tür gehen soll. Früher war die Begründung das Festigen des Dominanzgefüges zwischen Mensch und Tier. Diese Behauptung wurde inzwischen abgeschwächt. Trotzdem ist es aus Gründen der Sicherheit häufig sinnvoll, dass der Mensch zuerst eine Tür durchschreitet und der Vierbeiner dahinter folgt.

Lassen Sie Ihren Hund SITZ machen. Öffnen Sie dann langsam einen spaltbreit die Tür. Steht Ihr Hund auf, schließen Sie die Tür wieder. Machen Sie die Übung so lange, bis Ihr Hund wenigstens kurz sitzenbleibt und belohnen Sie ihn. Nach dem Auflösungskommando LAUF darf er nun aufstehen und hinter Ihnen durch die Tür gehen.

Erweitern Sie die Übung jeden Tag um ein paar Sekunden. Später benötigen Sie für diese Übung keine Belohnung in Form von Leckerchen mehr. Dass Ihr Hund hinaus darf, ist für ihn schon genug Belohnung.

Das sollten Sie beachten

Eine Übung sollte immer mit einer erfolgreichen Ausführung abgeschlossen werden. Klappt sie nicht, gestalten Sie die Aufgabe einfacher: Drücken Sie am Anfang beispielsweise nur die Türklinke runter. Helfen Sie Ihrem Hund dabei, sitzen bleiben zu können und gehen Sie nur in kleinen Schritten vor. Achten Sie insgesamt auf eine ruhige Ausführung dieser Übung, ein Aufbruch zum Gassigehen ist oft eine sehr aufregende Sache für den Vierbeiner. Belohnen Sie ihn großzügig für richtiges Verhalten.

Tagesplan

Das heutige Training besteht aus vier Trainingseinheiten der Tür-Übung. Achten Sie darauf, dass Sie und Ihr Hund entspannt sind und nicht abgelenkt werden. Wählen Sie möglichst immer einen Zeitpunkt aus, an dem es unwahrscheinlich ist, dass jemand durch Ihre Übungs-Tür gehen möchte. Ebenfalls ungünstig: Wenn im Hausflur bzw. auf der Straße gerade ein Hund oder der Lieblingsnachbar mit den leckeren Hundekeksen vorbeikommt.

1 Sie beginnen mit der Sitz-Übung (zehnmal) in unterschiedlichen Räumen Ihres Zuhauses. Jedes SITZ wird belohnt und mit LAUF aufgelöst.

2 Im Anschluss machen Sie die Tür-Übung. Sie gehen zur Haustür, der Hund soll SITZ machen, Sie öffnen langsam die Tür. Sollte Ihr Hund aufstehen, machen Sie die Tür sofort wieder zu. Gehen Sie nur so weit, wie Ihr Hund sitzen bleiben kann. Belohnen Sie ihn fürs Sitzenbleiben mit einem Leckerchen und entlassen ihn mit LAUF.

Bevor Sie Ihren Hund füttern, muss er ab heute immer ein Kommando ausführen. Zurzeit SITZ, später PLATZ, FUSS oder eine andere Aufgabe. Sie können beliebig variieren, je nach Zeit und Lust. Ihr Hund soll lernen, dass er für sein Futter etwas tun muss, außerdem nutzen Sie so seine erhöhte Aufmerksamkeit vor dem Füttern optimal aus.

Bisher gab es das Futter einfach so. Das ist jetzt (zumindest vorerst) vorbei. Ihr Hund soll sich immer sein Futter verdienen. Nicht einfach gratis.

Beachten Sie: Jede Übung muss erfolgreich beendet werden! Sollte sich partout kein Erfolg einstellen, vereinfachen Sie die Aufgabe so lange, bis Ihr Hund es schafft.

4. Tag

Regeln fürs Zusammenleben

Viele Hunde leben in dem Gefühl, ihre Besitzer ganz gut erzogen zu haben. Füttern, kraulen, spazieren gehen: wir machen alles für unsere Hunde. In ihren Augen sind wir ein praktischer, aber nicht ganz ernst zu nehmender Versorger.

Um Ihren Hund erfolgreich erziehen zu können, müssen Sie diese Sichtweise des Hundes ändern. Ab heute nehmen Sie eine „hochrangige" Position in den Augen Ihres Hundes ein. Sie werden zu einer Führungspersönlichkeit, die ihn souverän, verantwortungsbewusst, berechenbar und liebevoll durchs Leben leitet.

Sie können es Rangordnung oder Regeln fürs Zusammenleben nennen.

Beachten Sie: Sie als Hundebesitzer sollen nicht reagieren, Sie müssen agieren. Liebevoll, klar und souverän führen Sie Ihren Hund durchs Leben.

Ab heute gilt:

> Sie bestimmen, wann Sie Ihren Hund streicheln und wann Sie damit aufhören.

> Sie bestimmen Anfang und Ende eines Spiels.

> Wenn Ihr Hund bettelt, ignorieren Sie ihn und geben ihm kein Leckerchen.

> Vor dem Füttern soll Ihr Hund jedes Mal eine Übung ausführen.

> Darf Ihr Hund auf dem Sofa und auf dem Bett liegen? Dagegen ist grundsätzlich nichts zu sagen. Ihm soll dabei nur bewusst sein, dass es nicht sein Bett oder sein Sofa ist und dass er den Platz räumen muss, sobald Sie ihn für sich beanspruchen. Übungshalber soll er in der nächsten Zeit nicht auf dem Sofa liegen.

> Sie gehen zuerst durch die Tür und lassen sich nicht zur Seite drängeln.

> Hunde legen sich gerne dorthin, wo wir oft langgehen. Sie gehen immer freundlich im Bogen um ihn herum?

Ab heute behalten Sie Ihren Weg bei! Je mehr Mühe Sie damit haben, diese Regeln durchzusetzen, umso selbstbewusster ist Ihr Hund. Bei diesen Kandidaten sollten Sie besonders konsequent auf die Einhaltung dieser Regeln achten. Bei jedem Hund müssen Sie damit rechnen, dass er sein Leben lang immer mal wieder Ihre Durchsetzungsfähigkeit testen wird.

Ein kurzer Blick zu Ihnen und im gleichen Moment loben Sie ihn und geben ihm ein Leckerchen.

Vorsitzen

Ziel dieser Übung ist, dass der Hund vor Ihnen sitzt und Sie konzentriert anschaut. So lässt er sich in bestimmten Situationen gut kontrollieren. Man beginnt mit einer kurzen Anschauübung. Direktes Anschauen bedeutet in der Hundekommunikation ein erhöhtes Selbstbewusstsein. Vielen Hunden fällt diese Übung deshalb schwer. Beginnen Sie mit einem Blick, der höchstens eine Viertelsekunde andauert. Diesen gilt es *sehr schnell* zu belohnen.

Bringen Sie Ihren Hund ins SITZ und halten Sie ein Leckerchen zwischen Ihre Augen. In dem Moment, in dem er Blickkontakt aufnimmt, sagen Sie SCHAU und belohnen ihn sofort.

Verringern Sie nach und nach den Abstand zwischen Ihnen und Ihrem Hund. Der Hund soll nah vor Ihnen sitzen und zu Ihnen hochschauen.

Noch besser geht es, wenn der Hund frontal vor Ihnen sitzt.

Tagesplan

Wiederholen Sie drei- bis fünfmal am Tag folgende Übungen:

1 Lassen Sie Ihren Hund in unterschiedlichen Räumen Ihres Zuhauses SITZ machen, insgesamt zehnmal. Vermeiden Sie dabei jede Ablenkung. Versuchen Sie nun langsam die Hilfen abzubauen: Bisher hielten Sie das Leckerchen in der Hand, die das Sichtzeichen gab. Nun wechseln Sie das Leckerchen in die Faust der Hand, die nicht das Sichtzeichen gibt. Bringen Sie nun Ihren Hund mit Handzeichen und Stimmsignal in die Sitzposition und geben ihm schnell das Leckerchen aus der anderen Hand. Anfangs wird Ihr Vierbeiner etwas irritiert reagieren, sich aber schnell an die neue Situation gewöhnen.

2 Anschließend trainieren Sie die Konzentrationsübung: Ihr Hund soll vor Ihnen sitzen, Sie (bzw. das Leckerchen vor Ihrer Stirn) aufmerksam angucken. Bei Blickkontakt sagen Sie SCHAU und belohnen ihn schnell.

Folgende Übung machen Sie heute auf Ihrem Spaziergang:

1 Ihr Hund soll zehnmal SITZ machen, ohne dass er durch irgendetwas abgelenkt wird. Je öfter Sie spazieren gehen, umso besser.

Erinnerung: Diese Übung bauen Sie in Ihren Alltag ein: Wenn Sie mit Ihrem Hund durch die Haustür gehen, soll Ihr Hund sitzen, bevor Sie ihm mit LAUF erlauben, durch die Tür zu gehen.

Beachten Sie: Vergessen Sie nicht, jedes erfolgreiche Kommando zu belohnen und mit LAUF aufzulösen. Beenden Sie die Trainingseinheit mit einer gelungenen Übung.

5. Tag

Richtig üben

Die Aussage „Der Hund weiß doch genau, was er tun muss! Der ist nur stur!" stimmt nicht. Wir Menschen machen es uns dabei nur leicht und geben dem Hund die Schuld. Ich sage Ihnen in aller Offenheit: Macht Ihr Hund Fehler, dann haben Sie einfach nicht genug oder falsch geübt.

> Stundenlanges Üben langweilt Sie und Ihren Hund. Außerdem überfordern Sie Ihren Vierbeiner dabei schnell, er wird unkonzentriert und macht Fehler. Verteilen Sie lieber viele kleine Übungseinheiten auf den Tag. Fünf bis zehn Minuten je Einheit, drei- bis fünfmal am Tag reichen völlig aus.

Beachten Sie: Das Heranrufen muss zunächst so gestaltet werden, dass es *immer* klappt. Keine Ablenkung, super Belohnung!

> Wenn Sie selber Spaß am Üben haben, hat Ihr Hund den auch. Hunde spiegeln unsere Gefühle wider. Wenn wir missmutig unser Programm durchziehen, gehorcht auch der Hund nur lustlos.
> Überfordern Sie Ihren Hund nicht und beenden Sie jede Übung erfolgreich.
> Erhöhen Sie nur langsam den Schwierigkeitsgrad einer Übung. Gehen Sie Schritt für Schritt voran.

Läuft Ihr Hund so dem „Superleckerchen" hinterher – dann sagen Sie ZU MIR und geben es ihm.

Rückruf 1

Der Rückruf ist unbestritten das wichtigste Kommando in der Hundeerziehung. Er kann das Leben Ihres Hundes retten! Stellen Sie sich vor, Ihr Vierbeiner will zu seinem Pfotenkumpel auf der anderen Seite einer viel befahrenen Straße. Ein zuverlässiger Rückruf kann hier einen Unfall vermeiden. Dieses Kommando muss daher sehr sorgfältig geübt und konsequent aufgebaut werden.

Nehmen Sie ein „Superleckerchen" – etwas, dass Ihr Hund richtig toll findet: Fleischwurst, Käse, Leberkäse etc. und halten es Ihrem Hund vor die Nase. Dann laufen Sie so schnell es geht rückwärts. Wenn der Hund Ihnen bzw. dem Leckerchen hinterherläuft, sagen Sie ZU MIR und geben ihm sein Superleckerchen. Wiederholen Sie diese Übung in verschiedenen Zimmern Ihres Zuhauses. Ihr Hund soll nach und nach auf das Wort ZU MIR konditioniert werden.

Das sollten Sie beachten

Bevor der Hund den Rückruf nicht *sehr gut* gelernt, verinnerlicht und auch unter starker Ablenkung zu Ihnen kommt, dürfen Sie dieses Wort auf keinen Fall im Alltag benutzen. Verwenden Sie stattdessen einfach seinen Namen oder das bisherige Kommando (HIER oder KOMM), um Ihren Hund zu rufen. Mit diesem Wort hat Ihr Hund, neben Gehorchen, zwar auch schon fehlerhaftes Gehorchen verknüpft. Aber erst dann, wenn das neue Wort ZU MIR gut eingeführt ist, darf es das alte Wort ersetzen. Halten Sie sich zurück und haben Sie Geduld!

Trainingsplan

Wiederholen Sie drei- bis fünfmal am Tag folgende Übungen:

1 Sie beginnen jede Übungseinheit mit der ZU MIR-Übung, je fünfmal.

2 Üben Sie dann zehnmal SITZ in unterschiedlichen Räumen. Davon soll Ihr Hund zweimal auf einer am Boden ausgebreiteten Plastiktüte SITZ machen. Sollte er Angst vor der Tüte haben, vereinfachen Sie die Übung für Ihren Hund: Er kann zum Beispiel erst einmal nur ein Leckerchen von der Tüte aufnehmen. Ist auch das zu schwer, wird er ab jetzt in der Nähe der Tüte gefüttert. Verringern Sie den Abstand zwischen Napf und Tüte nach und nach, bis Ihr Hund auf der Tüte stehend gefüttert werden kann. Gehen Sie langsam und behutsam vor.

3 Konzentrationsübung: Sie halten ein Leckerchen zwischen Ihre Augen, sagen SCHAU, zählen dann bis zwei und belohnen Ihren Hund, wenn er solange Blickkontakt gehalten hat. Schaut der Hund bei dieser Übung zur Seite, bekommt er kein Leckerchen. Sie wiederholen dann die Übung und belohnen ihn für einen kurzen Blickkontakt. Wiederholen Sie die Übung dreimal.

Folgende Übung machen Sie heute auf Ihrem Spaziergang:

1 Ihr Hund soll zehnmal ohne Ablenkung SITZ machen.

Beachten Sie: Bisher haben Sie zuerst den Hund in sein Kommando gelockt und anschließend das Kommando gesagt. Ist ein Kommando gefestigt, können Sie es nun vor der Ausführung sagen.

6. Tag

Stimmungsübertragung

Unsere Hunde erspüren unsere Stimmungen erstaunlich gut:

> Sind wir sauer, gehorchen Sie uns oft besser, da wir stärker wirken.
> Sind wir traurig, wollen viele Hunde ihr Frauchen oder Herrchen trösten.
> Denken wir: „Das lernt der nie!", überträgt sich unsere schlechte Stimmung auf unseren Hund. Der wiederum will ein so trauriges Kommando nicht lernen.

Sind Sie begeistert über die Fortschritte Ihres Hundes, dann zeigen Sie das auch mit einer hohen, freudigen Stimme: „Ja, priiiiima, feiner Hund, gut gemacht, priiiiiiima!". Gehen Sie aus sich heraus, seien Sie euphorisch – Sie werden sehen, der Hund macht seine Aufgabe viel besser.

Haben Sie einen schlechten Tag, sollten Sie auf die Erziehung Ihres Hundes verzichten. Genervtes Abarbeiten des Tagesplans untergräbt die Bindung und führt zu unbefriedigenden Erziehungsergebnissen.

Jeder hat mal einen schlechten Tag. Bevor Sie Gefahr laufen, die Übung ruppig und barsch mit Ihrem Hund durchzuführen, machen Sie lieber einen Tag Pause.

BLEIB wird mit viel Ruhe eingeübt. Der Hund soll und darf sich bei dieser Übung entspannen.

BLEIB 1

Lassen Sie Ihren Hund vor Ihnen SITZ machen. Gehen Sie nun einen Schritt zurück, sagen BLEIB, zeigen Ihm das Handzeichen für BLEIB (siehe Foto), gehen zu ihm zurück und belohnen ihn. Wenn Ihr Hund zu unruhig ist und nicht sitzen bleibt, entfernen Sie sich nur einen halben Schritt. Ist auch das schon zu viel für Ihren Wirbelwind, dann deuten Sie den Schritt nur an. Bei irgendeiner Bewegung wird er sicherlich verharren, und das wird direkt belohnt!

Wichtig: Erst wenn Ihr Hund das BLEIB mit einem Schritt Abstand gut und zuverlässig kann, dürfen Sie zwei Schritte wagen. Bei dieser Übung ist Geduld das einzige, was Erfolg verspricht. Es reicht auch völlig aus, wenn Sie nur alle zwei bis drei Tage einen Schritt mehr Abstand üben und nicht jeden Tag einen Schritt mehr. Lieber langsame Fortschritte, diese aber ohne zu schlampen.

Das sollten Sie beachten

Ihr Hund darf auf keinen Fall während der Übung aufstehen. Für ein verlässliches BLEIB muss das Kommando ohne Fehler aufgebaut werden. Bleiben Sie daher bei dieser Übung mit Ihren Anforderungen immer unterhalb des Könnens des Hundes.

> **Beachten Sie:** Gehen Sie jedes Mal zu Ihrem Hund zurück und lösen Sie die Übung auf. Sonst wartet Ihr Hund darauf, gerufen zu werden und will losstürmen.

Tagesplan

Wiederholen Sie drei- bis fünfmal am Tag folgende Übungen:

1 Sie beginnen mit der ZU MIR-Übung, je fünfmal.

2 Im Anschluss trainieren Sie die SITZ-Übung, mit und ohne Plastiktüte. Deuten Sie heute nur noch die Lockbewegung an: Bringen Sie Ihren Hund zum Beispiel mit der rechten Hand ins SITZ, das Leckerchen befindet sich aber in der linken Hand. Vergrößern Sie den Abstand zwischen Ihrer signalgebenden Hand und der Nase Ihres Hundes. Ziel ist, dass Ihr Hund sich auf Ihr Handzeichen hin sofort setzt. Aber auch hier gilt: Bleiben Sie geduldig und bauen Sie die Hilfen nur langsam ab.

3 Konzentrationsübung: Sie halten ein Leckerchen zwischen Ihre Augen, sagen SCHAU und zählen bis vier.

4 Als Abschluss jeder Trainingseinheit folgt die oben beschriebene BLEIB-Übung. Lesen Sie sich sorgfältig die Beschreibung durch. Es ist wichtig, dieses Kommando möglichst fehlerfrei einzuüben.

Folgende Übungen machen Sie heute auf Ihrem Spaziergang:

1 Ihr Hund soll zehnmal ohne Ablenkung SITZ machen.

2 Auch die ZU MIR-Übung können Sie nun zehnmal auf dem Spaziergang machen. Achten Sie darauf, dass keine Ablenkung vorhanden ist. Hier wird *immer* mit Superleckerchen belohnt!

3 Trainieren Sie pro Spaziergang zweimal eine Konzentrationsübung, zählen sie dabei bis zwei.

7. Tag

Abbruchsignal: Kommando NEIN!

Ihre Stimme vermittelt Ihrem Hund im Alltag Sicherheit und kann ihm den Weg weisen. Wenn Sie ihn mit hoher, freudiger Stimme ansprechen weiß Ihr Hund: Alles ist in Ordnung. Eine tiefe, laute Stimme ist Ihrem Hund dagegen unangenehm. Er spürt, dass etwas nicht okay ist und versucht, diese Situation zu vermeiden.

Nehmen Sie in jede Hand ein Leckerchen und halten Sie Ihrem Hund eine ausgestreckte Hand hin. Wenn er das Leckerchen nehmen möchte, schließen Sie die Faust und sagen mit tiefer lauter Stimme NEIN! Durch Abwenden oder Zurückziehen seines Kopfes zeigt Ihr Hund, dass er verstanden hat. Belohnen Sie ihn sofort mit dem Leckerchen aus der anderen Hand und loben Sie ihn mit hoher Stimme. Ihr Hund sollte schnell verstehen, dass er nach einem NEIN! zur

> **Beachten Sie:** Benutzen Sie das NEIN!-Kommando nicht, um Ihren Hund von etwas abzuhalten. Dafür ist es jetzt noch viel zu früh. Ziehen Sie ihn lieber einfach an der Leine weg.

anderen Hand wechseln soll und dort belohnt wird. Bedenken Sie aber, dass einige Hunde sehr empfindlich reagieren, wenn Herrchen oder Frauchen ihre Stimme erheben. Gehen Sie daher sensibel vor. Die richtige Stimmlage lässt sich prima unter der Dusche oder im Auto üben. Geben Sie Ihrem Hund eindeutige, gut unterscheidbare Stimmsignale.

Das Abbruchsignal wird auch später immer in Verbindung mit einer positiven Bestärkung verwendet: Wenn Sie

Der Hund möchte ein Leckerchen aus der linken Hand. Sie sagen NEIN! Wendet der Hund sich ab, hat er verstanden und wird aus der rechten Hand mit einem Leckerchen belohnt.

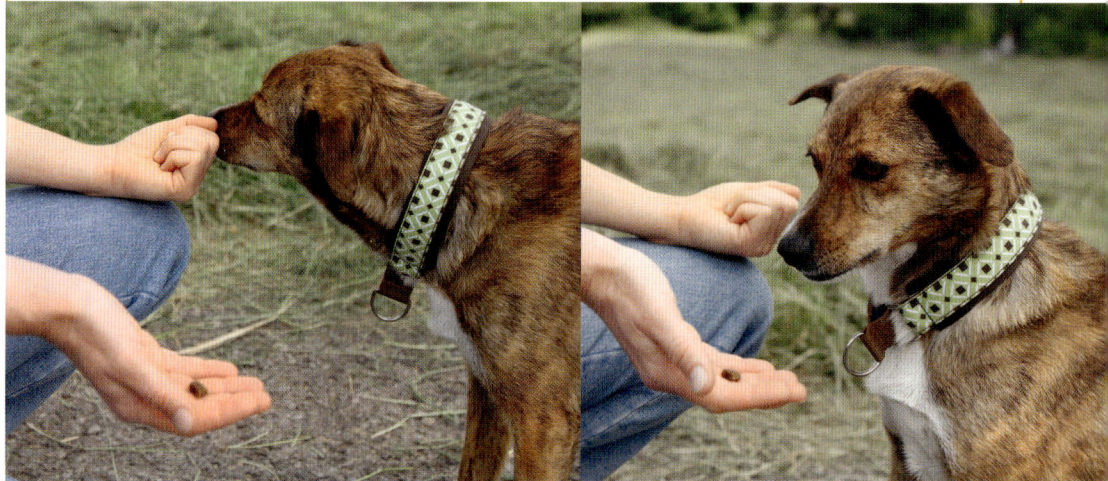

NEIN! sagen, weiß Ihr Hund zwar, was er nicht darf. Es ist aber viel einfacher für ihn, zusätzlich zu wissen, was richtig ist. Üben Sie das Abbruchsignal abwechselnd mit der rechten oder linken Hand, damit Ihr Hund nicht denkt, nur eine Hand sei verboten.

Das sollten Sie beachten

Wir Menschen neigen dazu, viel zu verbieten. Ständiges Verbieten ist für die Hundeerziehung jedoch ein wahrer „Motivations-Killer". Überlegen Sie daher, wie Sie sich mit Ihrem Vierbeiner arrangieren können, ohne immerzu NEIN! rufen zu müssen. Die wirklich wichtigen Dinge, die Sie nicht akzeptieren können, sollen Sie natürlich verbieten. Aber vergessen Sie nicht, Ihren Hund zu belohnen, wenn er sich auch etwas verbieten lässt. Gutes Benehmen fällt uns oft gar nicht auf. Wir ärgern uns nur über schlechtes Benehmen. Bleiben Sie aufmerksam, registrieren Sie die „guten Taten" Ihres Hundes und belohnen ihn dafür.

Tagesplan

Wiederholen Sie drei- bis fünfmal am Tag folgende Übungen in Ihrem Zuhause:

1 Sie beginnen jede Übungseinheit mit der ZU MIR-Übung, je fünfmal.

2 Üben Sie SITZ in unterschiedlichen Räumen. Als Ablenkung heben Sie dabei abwechselnd langsam einen Ihrer Arme, der Hund soll dabei sitzen bleiben. Außerdem locken Sie ihn zu seinem Platz und er soll auch dort SITZ machen.

3 Führen Sie fünfmal die BLEIB-Übung durch, gehen Sie dabei einen Schritt zurück.

4 Sie fahren mit der Konzentrationsübung fort. Heute zählen Sie bis sechs. Belohnen Sie Ihren Hund, wenn er solange Blickkontakt gehalten hat.

5 Zum Schluss nehmen Sie in jede Hand ein Leckerchen und führen einige Male die NEIN-Übung vom heutigen Tag durch, wobei Ihre Stimme eindeutig die Tonlage wechseln soll.

Folgende Übungen machen Sie heute auf Ihrem Spaziergang:

1 Während des Spaziergangs soll Ihr Hund ohne Ablenkung fünfmal SITZ machen. Beachten Sie auch hier, dass Sie die Hilfestellungen langsam abbauen und der Hund sich zügig auf Ihr Kommando hinsetzt.

2 Trainieren Sie die ZU MIR-Übung mindestens zehnmal. Hier wird immer mit einem Superleckerchen belohnt.

3 Machen Sie pro Spaziergang zweimal eine Konzentrationsübung, zählen Sie dabei bis vier.

2. Woche

Sie haben in den letzten Tagen schon sehr viel geschafft. Genießen Sie die Dinge, die gut klappen! Es muss nicht jeder Tag perfekt laufen.

Wichtig ist vor allem, dass Sie das Ziel im Auge behalten. Wenn es etwas länger dauert, dann brauchen Sie und Ihr Hund eben diese Zeit – dafür klappt eine andere Übung vielleicht schneller.

Das Letzte, was dieses Buch vermitteln will, ist Druck. Jeder Mensch und auch jeder Hund hat eine andere Persönlichkeit. Jedes Mensch-Hund Team ist individuell. Manches gelingt besser bei dem einen, manches bei dem anderen.

8. Tag

Kann mein Hund mit mir sprechen?

Ja! Aber nur über Körpersprache. Kurz und knapp zusammengefasst lässt sich das so erklären: Hunde, die sich groß machen (aufgestelltes Nacken- und Rückenfell, durchgestreckte Beine, Schwanz hoch, Ohren aufgestellt) und ihre Zähne blecken, zeigen aggressives Verhalten. Hunde, die sich klein machen (eingeknickte Beine, Schwanz eingezogen, Ohren nach hinten) haben Angst. Dazwischen gibt es Abstufungen und Mischformen. Es gibt zum Beispiel den sehr ängstlichen Hund, der aus seiner Panik heraus aggressives Verhalten zeigt. Versteht man die Körpersprache der Hunde, wird vieles einfacher. Missverständnisse, die Mensch und Hund frustrieren, werden seltener.

Ein wunderbarer Teil der Hundekommunikation sind die Beschwichtigungssignale. Damit will der Hund

> **Körpersprache des Hundes**
>
> Groß machen = Aggression
>
> Klein machen = Angst
>
> Desinteressiert/beobachtend = Beschwichtigung

seinem Gegenüber (Mensch oder Hund) signalisieren, dass von ihm keine Gefahr droht. Als Beschwichtigungssignale gelten zum Beispiel: Über die Schnauze lecken, den Blick oder den Kopf abwenden. Auch mit langsamen Bewegungen und Schnuppern versuchen Hunde, die Situation zu entschärfen. Hunde wenden diese Signale in für sie bedrohlichen Situationen an. Wenn Sie diese Signale erkennen können, werden Sie überrascht sein, wie häufig Hunde eine Situation als bedrohlich empfinden und beschwichtigend dagegen steuern.

Das auf geradem Wege Herankommen, das wir von unseren Hunden beim Rückruf verlangen, ist zum Beispiel unter Hunden ein äußerst unfreundliches Verhalten. Unser Rückwärtsgehen erleichtert daher den Hunden das zielgerade Herankommen.

Was aber machen Hundebesitzer in den Augen ihrer Vierbeiner, wenn sie ihre Hunde rufen? Sie machen sich groß (aggressiv) und brüllen. Absolut bedrohlich für den Hund! Natürlich fällt es ihm sehr schwer, zu dieser Person zu kommen. Er bewegt sich daher langsam (beschwichtigt), was Herrchen/Frauchen nur noch wütender macht. Ein unglücklicher Kreislauf voller Missverständnisse.

Aggressives Verhalten an der Leine können Sie mit dem richtigen Training in den Griff bekommen.

Rückruf 2

Heute wird das ZU MIR von den Anforderungen nur leicht gesteigert. Ihr Hund sollte jetzt einige Meter von Ihnen entfernt sein, wenn Sie ihn rufen. Sie rufen nur dann ZU MIR, wenn Sie sicher sind, dass Ihr Hund kommt: Weil er Sie gerade anguckt, er sowieso gerade auf Sie zuläuft, er nicht abgelenkt ist. Ist er bei Ihnen, gehen Sie wie gewohnt mit dem Superleckerchen noch drei Schritte zurück und geben ihm dann die Belohnung.

Das sollten Sie vermeiden

Achten Sie weiterhin darauf, dass die Belohnung bei diesem Kommando immer besonders schmackhaft für Ihren Hund ist. Es soll Ihm das Wasser im Mund zusammenlaufen, wenn er ZU MIR hört!

Dieser Hund zeigt deutlich, dass er Angst hat – er macht sich klein, die Rute ist eingekniffen, der Blick ist abgewendet, der Gesichtsausdruck spricht Bände ...

Tagesplan

Wiederholen Sie drei- bis fünfmal am Tag folgende Übungen in Ihrem Zuhause:

1 Sie beginnen die Übungseinheit mit der heute beschriebenen ZU MIR-Übung, je fünfmal.

2 Fahren Sie mit einer Konzentrationsübung fort, heute zählen Sie bis acht.

3 Machen Sie die SITZ-Übung dreimal und klatschen Sie dabei in die Hände.

4 Üben Sie SITZ-BLEIB mit zwei Schritten Entfernung.

5 Auch heute üben Sie dreimal hintereinander das Abbruchsignal. Halten Sie dabei jeden Tag die Hände weiter auseinander.

Folgende Übungen machen Sie heute auf Ihrem Spaziergang:

1 Während Ihres Spaziergangs soll Ihr Hund zehnmal SITZ machen. Sie können jetzt die SITZ-Übung mit kleinen Ablenkungen garnieren: Menschen gehen in der Nähe, Hunde in der Ferne.

2 Planen Sie die ZU MIR-Übung mindestens zehnmal ein. Superleckerchen nicht vergessen.

3 Machen Sie pro Spaziergang zweimal eine Konzentrationsübung, zählen Sie dabei bis sechs.

Beachten Sie: Ihr Hund darf nicht die Erfahrung machen, dass er ein ZU MIR-Kommando ignorieren darf. Sie alleine, nicht er, sind dafür verantwortlich, dass das Kommando erfolgreich ist!

9. Tag

Spielverderber!

Wir gönnen unserem Hund das Glück auf Erden, lassen ihn ausgelassen auf der Wiese herumtoben. Dann rufen wir den Hund zu uns, leinen ihn an und gehen nach Hause. Einer der häufigsten Fehler in der Hundeerziehung: Das Heranrufen und Anleinen, verbunden mit einem Spaßabbruch. Ab heute gilt: Rufen Sie Ihren Hund mehrmals einfach nur so (mit dem alten Kommando, noch nicht ZU MIR!) und belohnen Sie ihn mit Superleckerchen. Irgendwann wird er dann auch mal angeleint. Hocken Sie sich dabei zu ihm hin, achten Sie darauf, dass Sie das Halsband sanft anfassen und dabei freundlich mit ihm reden. Geben Sie Ihrem Hund nach dem Anleinen ein Leckerchen.

Sie dürfen Ihren Hund nie rügen, wenn er sich mit dem Kommen Zeit gelassen hat. Egal wie lange er gebraucht hat, Sie müssen Ihren Hund in diesem Stadium für das Herankommen immer

> **Beachten Sie:** Wenn Sie Ihren Hund von der Leine lassen, sollten Sie ihn nach ein paar Metern das erste Mal rufen und mit einem Superleckerchen belohnen.

belohnen! Eine Standpauke würde Ihr Hund missverstehen. Beim nächsten Mal wäre das Heranrufen nur noch schwieriger.

Viele rufen ihren Hund nur, wenn ein anderer Hund oder sonst irgendetwas Interessantes in Sicht kommt. Werden diese Hunde gerufen, schauen sie erst mal durch die Gegend. Entdecken Sie dann den Grund, rennen sie natürlich dahin. Sie müssen daher Ihren Hund oft und ohne jeden Grund rufen und belohnen. Nur dann klappt es auch, wenn es tatsächlich nötig ist.

Beim Anleinen gehen Sie am besten in die Hocke und fassen das Halsband von unten an. Für das Kommando PLATZ locken Sie Ihren Hund mit einem Leckerchen in die Position, erst wenn wenn er liegt, sagen Sie das Kommando und geben das Handzeichen.

PLATZ 1

Heute wird das Kommando PLATZ geübt. Bringen Sie Ihren Hund mit einem Leckerchen am besten in die Sitzposition. Halten Sie ihm dann das Leckerchen vor die Nase und gehen damit an der Brust des Hundes Richtung Boden. Die Nase des Hundes muss am Leckerchen bleiben. Dann wandert Ihre Hand mit dem Leckerchen langsam vom Hund weg. Der Hund folgt dem Leckerchen mit der Nase und geht dabei automatisch ins PLATZ. Versuchen Sie das sehr geduldig, solange bis der Hund tatsächlich liegt. Erfahrungsgemäß braucht man einige Versuche. Wenn er richtig liegt, geben Sie ihm seine Belohnung. Bevor der Hund von sich aus aufsteht, kommen Sie ihm zuvor und lösen mit einem zügigen LAUF das Kommando auf.

Timing: Sagen Sie erst PLATZ und geben das Handzeichen (ausgestreckte Hand), wenn der Hund am Boden liegt.

Das sollten Sie vermeiden

Zwingen Sie Ihren Hund nicht durch Herunterdrücken ins PLATZ.

Tagesplan

Wiederholen Sie drei- bis fünfmal am Tag folgende Übungen in Ihrem Zuhause:

1 Sie beginnen mit der ZU MIR-Übung, je fünfmal. Der Hund kann dabei einige Meter entfernt sein.

2 Sie fahren mit der Konzentrationsübung fort und zählen dabei bis zehn.

3 Üben Sie PLATZ wie oben beschrieben in verschiedenen Räumen Ihres Zuhauses.

4 Üben Sie dreimal das NEIN-Kommando. Lassen Sie heute Ihre Hände offen! Ihr Hund sollte jetzt auch vor der offenen Hand auf Ihren Befehl zurückweichen. Er wird dann wie immer mit der anderen Hand belohnt.

5 Zum Schluss trainieren Sie die BLEIB-Übung mit drei Schritten Entfernung. Gehen Sie jeden Tag einen Schritt weiter von Ihrem Hund weg.

Folgende Übungen machen Sie heute auf Ihrem Spaziergang:

1 Ihr Hund soll zehnmal SITZ machen: Schlenkern Sie dabei mit der Leine. Bevor Sie die Straße überqueren, verlangen Sie jedes Mal ein SITZ.

2 Bauen Sie die ZU MIR-Übung mindestens zehnmal über den Spaziergang verteilt ein.

3 Machen Sie zweimal eine Konzentrationsübung, zählen Sie dabei bis acht.

Beachten Sie: Ab heute gilt: Bevor Ihr Hund angeleint und nachdem er abgeleint wird rufen Sie Ihn mindestens dreimal.

10. Tag

Hundeentwicklung

Die ersten vier Monate sind die wichtigsten in einem Hundeleben. Ein liebevoller und erfahrener Züchter legt den Grundstein in den ersten Wochen. Im Anschluss liegt es am Hundebesitzer, gut vorbereitet die Weichen für ein entspanntes Hundeleben zu stellen. In dieser wichtigen Zeit lernen Hunde Ihre Umgebung kennen. Unsere zivilisierte Welt mit den vielfältigen Eindrücken einer technischen Gesellschaft muss einem Hund in seiner frühesten Kindheit vertraut gemacht werden. Allem, was sie in dieser Zeit angstfrei erleben, begegnen sie in der Zukunft relativ gelassen. Man spricht an dieser Stelle von der Prägungs- und Sozialisierungsphase.

Hunde, die in dieser Zeit einen Mangel an Eindrücken erleben, sind schnell gestresst und ängstlich. Nur ein vertrauensvoller Hund kann sich auf seinen Menschen konzentrieren und Übungen freudig ausführen.

Zeigen Sie Ihrem Welpen die Welt, damit er sich später nicht davor ängstigt.

Langleinentraining

Grundsätzlich sollte jeder Hund freien Auslauf haben. Reicht der Gehorsam dafür noch nicht aus, ermöglicht eine Langleine (5 bis 10 Meter) Ihrem Hund einen kontrollierten Auslauf. Die Langleine, auch Schleppleine genannt, ist nicht zu verwechseln mit den sogenannten Flexi- oder Ausziehleinen. Sie ist fest wie eine einfache Hundeleine, nur länger und meist etwas dünner. Durch sie ist ein permanentes Eingreifen möglich.

Einige Hunde vergessen in Ihrer Flegelzeit, was Gehorsam bedeutet. Dann ist es ratsam, wenn Sie Ihren Hund an einer Langleine ausführen, damit schlechter Gehorsam sich erst gar nicht einschleicht.

Zu Beginn übt man den Auslauf an der Langleine auf einer großen Wiese mit vielen Richtungswechseln. Ihr Hund lernt so, die Länge der Leine einzuschätzen. Einige Hunde sind von diesem Freiheitsentzug wenig begeistert und wehren sich. Gehen Sie ruhig in die eingeschlagene Richtung und ziehen Sie sanft aber bestimmt Ihren Hund hinter sich her. Sie entscheiden, wann Zeit für Schnüffeln ist und wann zügig weitergegangen wird.

Die Langleine ersetzt nicht die normale Leine, mit der Sie die Leinenführigkeit (15. Tag) einüben werden.

Beachten Sie: Langleinentraining sollte nicht mit Welpen geübt werden. Welpen haben einen natürlichen Nachlaufreflex, den man bestärkt.

Tagesplan

Wiederholen Sie drei- bis fünfmal am Tag folgende Übungen in Ihrem Zuhause:

1 Sie beginnen die Übungseinheit mit der ZU MIR-Übung, je fünfmal. Dabei soll jemand Ihren Hund bis zum Abruf festhalten. Sie lassen ihn kurz am Leckerchen schnuppern und entfernen sich. Dann rufen Sie ihn.

2 Sie fahren mit der Konzentrationsübung fort, heute zählen sie bis zwölf.

3 Lassen Sie Ihren Hund in verschiedenen Räumen Ihres Zuhauses und im Garten abwechselnd SITZ und PLATZ machen. Beim PLATZ war die Hand mit dem Leckerchen bisher kontinuierlich vor der Nase Ihres Hundes. Nächster Schritt: Hat der Hund sich hingelegt, entfernen Sie nun die Hand mit dem Leckerchen ein kleines Stück und geben ihm, wenn er liegen geblieben ist, sein Leckerchen. Warten Sie jedoch nicht zu lange damit, er darf nicht schon halb aufgestanden sein.

4 Üben Sie zweimal die BLEIB-Übung mit vier Schritten Entfernung.

5 Auch heute üben Sie dreimal hintereinander NEIN mit der geöffneten Hand.

Folgende Übungen machen Sie heute auf Ihrem Spaziergang (nehmen Sie ein Spielzeug mit!):

1 Während Ihres Spaziergangs soll Ihr Hund zehnmal SITZ machen. Dabei lenken Sie ihn mit einem Spielzeug ab, indem Sie es einfach auf den Boden legen. Sie haben einen Hund, der ganz verrückt

Je verspielter Ihr Hund ist, umso schwieriger ist diese Übung.

nach Spielzeug ist? Dann reicht es, wenn das Spielzeug lediglich etwas aus Ihrer Jackentasche herausguckt.

2 Trainieren Sie die ZU MIR-Übung mindestens zehnmal. Der Hund kann ab heute ein paar Schritte entfernt sein, Sie müssen sich aber sicher sein, dass er kommt. Hier wird immer mit einem Superleckerchen belohnt.

Erinnerung: Machen Sie ab jetzt immer die Konzentrationsübung, wenn ein Fahrradfahrer oder Jogger vorbeikommt (siehe auch Tag 25).

11. Tag

Richtig spielen

Wieso spielen? Damit Ihr Hund Spaß mit Ihnen hat. Damit man sich besser kennenlernt. Damit Ihr Hund findet, dass *Sie* das Tollste auf der Welt sind! Beim Spielen ist alles erlaubt, solange beide ihren Spaß haben: Zerrspiele, bei denen auch mal der Hund gewinnt, Ballspiele, Rennspiele, Versteckspiele, Rangelspiele usw.

Wichtig: Sie bestimmen Anfang und Ende des Spiels! Fordert der Hund Sie zum Spiel auf, ignorieren Sie ihn. Schnappt der Hund nach Ihnen, ist das Spiel sowieso vorbei. Körper und Kleidung des Menschen sind tabu und hineinbeißen wird mit sofortigem Spielabbruch bestraft, der mindestens 20 Sekunden andauern sollte.
Lassen Sie Spielzeug nicht einfach herumliegen, räumen Sie es weg. Auf diese Weise bleiben Sie und das Spielzeug interessant.

Haben Sie heute einmal richtig Spaß mit Ihrem Hund und spielen Sie ausgelassen mit ihm!

BLEIB 2

Wenn Ihr Hund beim BLEIB-Kommando auf zwei Schritt Entfernung gut sitzen bleibt, können Sie den nächsten Schritt wagen: Treten Sie einen Schritt vom Hund weg und drehen Sie sich einmal im Kreis. Danach wird der hoffentlich noch sitzende Vierbeiner belohnt.
Beginnen Sie die BLEIB-Übung zunächst mit einem Schritt (Schritt zurück – Schritt zum Hund hin – Belohnung), dann mit zwei Schritten (zwei Schritte zurück – zwei Schritte zum Hund hin – Belohnung). Erst dann drehen Sie ihm den Rücken zu (Schritt zurück – im Kreis drehen – Schritt zum Hund hin – Belohnung).

Wichtig: Vergessen Sie nicht das Handzeichen. Sagen Sie den Befehl BLEIB nur einmal.

 ## Das sollten Sie vermeiden

Wenn Ihr Hund aufsteht, während Sie ihm den Rücken zudrehen, ist er für diesen Schwierigkeitsgrad noch nicht bereit. Sie erinnern sich? Winzige Schritte in der Steigerung der Schwierigkeiten sorgen für Erfolgserlebnisse. Machen Sie also anstatt einer ganzen Umdrehung lediglich eine Vierteldrehung. Vielleicht ist auch das noch zu früh? Dann drehen Sie einfach nur den Oberkörper oder den Kopf zur Seite.
Bleiben Sie bei dieser Übung ruhig und freuen Sie sich nicht allzu enthusiastisch, wenn sie gut klappt. Ihr Hund soll entspannt und ruhig lernen zu warten, bis Sie ihn abholen.
Rufen Sie Ihren Hund nicht aus der BLEIB-Übung ab. Gehen Sie zurück, belohnen ihn, dann kann er aufstehen.

Tagesplan

Wiederholen Sie drei- bis fünfmal am Tag folgende Übungen in Ihrem Zuhause:

1 Sie beginnen die Übungseinheit mit der ZU MIR-Übung, je fünfmal. Verstecken Sie sich dabei leicht hinter einem Stuhl, so dass der Hund Sie schnell finden kann.

2 Sie fahren mit der Konzentrationsübung fort und zählen dabei bis vierzehn.

3 Lassen Sie Ihren Hund in verschiedenen Räumen Ihres Zuhauses PLATZ machen. Wenn der Hund sich hingelegt und das Stimmsignal und Handzeichen erhalten hat, gehen Sie mit der Leckerchenhand kurz hinter Ihren Rücken. Bleibt er liegen, bekommt er schnell sein Leckerchen. Mit einem munteren LAUF kann er aufstehen.

4 Üben Sie mehrmals SITZ-BLEIB mit einem Schritt Entfernung und einmal umdrehen.

5 Üben Sie dreimal hintereinander das NEIN-Kommando: Legen Sie das Leckerchen auf den Boden und stellen Ihren Fuß so hin, dass Sie damit schnell das Leckerchen bedecken können, wenn der Hund es sich schnappen will. Sagen Sie nun Ihr Abbruchwort. Wendet der Hund sich ab, bekommt er seine Belohnung.

Folgende Übungen machen Sie heute auf Ihrem Spaziergang:

1 Während Ihres Spaziergangs soll Ihr Hund zehnmal SITZ machen. Klatschen Sie dabei in die Hände um Ihren Hund abzulenken.

Erst auf Ihr Kommando hin darf sich der Hund das Leckerchen holen.

2 Trainieren Sie die ZU MIR-Übung mindestens zehnmal. Der Hund soll ein paar Schritte entfernt sein. Heute wird nur ab und zu mit einem Superleckerchen belohnt, sonst mit normalen Leckerchen.

Erinnerung:

1 Vor dem Füttern werden immer eine oder mehrere Übungen durchgeführt.

2 Bevor Ihr Hund durch die Haustür geht, muss er immer erst SITZ-BLEIB oder PLATZ-BLEIB machen.

3 Wenn ein Fahrradfahrer oder Jogger vorbeikommt, ist jetzt immer die Konzentrationsübung an der Reihe.

4 Bevor Sie eine Straße überqueren, soll Ihr Hund sich hinsetzen.

12. Tag

Konsequent ignorieren

Sie haben drei Möglichkeiten, auf das Verhalten Ihres Hundes zu reagieren: Positiv, negativ oder gar nicht (neutral). Für Ihren Hund ist jede Art der Aufmerksamkeit positiv. Dazu gehören anschauen, streicheln, spielen, reden, füttern usw.

Negativ ist alles, was laut oder unerwartet ist oder Schmerzen bereitet. Hunde in einem unerwünschten Verhalten zu unterbrechen kann in Form einer strengen Stimme oder scharfem Händeklatschen erfolgen. Aber Vorsicht: Es gibt Hunde, die wollen Aufmerksamkeit um jeden Preis. Für sie ist jede Art von Aufmerksamkeit positiv – auch wenn wir es nicht so gemeint haben.

Die schlimmste Strafe für Hunde ist das Ignorieren. Reagieren Sie auf

Beachten Sie: Nervendes Verhalten wie Betteln, Winseln oder Bellen werden weder negativ noch positiv beachtet und dadurch auch nicht verstärkt!

unerwünschtes Verhalten mit Abwenden, Wegschauen und vermeiden Sie beruhigendes Streicheln. Studien haben gezeigt: Wird ein Hund über längere Zeit ignoriert, wird er krank. Bestrafung durch Ignorieren bietet sich besonders bei allen nervenden Verhaltensweisen wie Winseln, Bellen, Betteln oder Anspringen an. Aber Vorsicht: Es gibt nichts Fataleres, als einen winselnden Hund erst zu ignorieren und dann nach einer halben Stunde so genervt zu sein, dass Sie doch auf ihn eingehen. Dann hat sich nicht nur das Winseln gelohnt, sondern auch das stundenlange Winseln. Wenn Sie sich also entscheiden ein Verhalten zu ignorieren, müssen Sie konsequent sein! Hat der Hund auf Dauer kein Erfolgserlebnis, gibt er irgendwann auf.

Je länger der Hund mit einem Verhalten Erfolg hatte, umso länger dauert es, so ein Verhalten durch Ignorieren zu löschen. Es ist also besser, wenn Sie nervendes Verhalten von Anfang an ignorieren und es sich dadurch erst gar nicht festigen kann. Bellt Ihr Hund zum Beispiel übermäßig? Dann darf das Bellen nicht beachtet werden. Wenn Sie Ihren Hund beim Bellen ausschimpfen, hat er das Gefühl, Sie bellen mit! Er ist dann von der Richtigkeit seines Tuns überzeugt – jedes Mal ein bisschen mehr.

Ignorieren bedeutet: nicht angucken, nicht ansprechen, nicht anfassen, nicht schimpfen!

PLATZ 2

Ihr Hund soll sich in naher Zukunft hinlegen, ohne dass Sie mit ihm in die Hocke gehen müssen. Um dahin zu kommen, müssen Sie in winzigen Schritten die Hilfen abbauen. In den letzten Tagen haben Sie bereits langsam die Hand von Ihrem Hund wegbewegt. Jetzt müssen Sie beginnen, langsam in die aufrechte Position zu kommen. Ziel: Sie stehen aufrecht und geben dem Hund das Kommando PLATZ (Handzeichen oder Stimmsignal) und Ihr Hund legt sich hin. Fakt ist: Viele Hunde springen bei der kleinsten Bewegung ihres Besitzers sofort wieder auf. Es sei denn, Sie haben einen gemütlichen Berner Sennenhund. Für alle anderen gilt: Versuchen Sie jeden Tag, in Zehnzentimeterschritten in die Aufrechte zu kommen. Ihr Hund bekommt nur die Belohnung, wenn er den jeweiligen Schwierigkeitsgrad gemeistert hat.

Bauen Sie bei der PLATZ-Übung in winzigen Schritten Ihre Hilfen ab.

Tagesplan

Wiederholen Sie drei- bis fünfmal am Tag folgende Übungen in Ihrem Zuhause:

1 Sie beginnen die Übungseinheit mit der ZU MIR-Übung, je fünfmal. Verstecken Sie sich dabei hinter einer Tür.

2 Sie fahren mit der Konzentrationsübung fort, heute zählen Sie bis 16.

3 Lassen Sie Ihren Hund in verschiedenen Räumen Ihres Zuhauses PLATZ machen, gehen Sie mit dem Leckerchen hinter Ihren Rücken und warten Sie eine Weile, bevor Sie ihn belohnen. Dann versuchen Sie – wie oben beschrieben – sich langsam etwas aufzurichten.

4 Üben Sie zweimal SITZ-BLEIB mit etwa sechs Schritten Entfernung, anschließend mit zwei Schritten Entfernung und einmal umdrehen.

5 Heute üben Sie das NEIN wie gestern, indem das Leckerchen unter Ihrem Fuß liegt.

Folgende Übungen machen Sie heute auf Ihrem Spaziergang:

1 Planen Sie die ZU MIR-Übung mindestens zehnmal ein. Der Hund kann ein paar Schritte entfernt sein, Sie müssen sich aber sicher sein, dass er kommt. Belohnen Sie ihn nur ab und zu mit einem Superleckerchen, sonst mit normalen Leckerchen.

2 Während Ihres Spaziergangs soll Ihr Hund fünfmal PLATZ machen.

3 Üben Sie SITZ-BLEIB nun auch draußen. Beginnen Sie mit einem Schritt Entfernung.

13. Tag

Zuwendung sinnvoll einsetzen

Wie oft am Tag streicheln Sie Ihren Hund, reden mit ihm, füttern ihn, gehen mit ihm spazieren, werfen für ihn ein Bällchen? Zuwendung ohne Ende – einfach so? Ganz umsonst und ohne Gegenleistung? Damit verschenken Sie wertvolle Motivation Ihres Hundes, die sich ausgezeichnet für die Erziehungsübungen nutzen ließe. Sie geben Ihrem Hund Aufmerksamkeit, ohne etwas dafür zu verlangen. Ihr Hund hingegen denkt nicht so großzügig: Hunde sind Egoisten, sie machen nur das, was in ihren Augen sinnvoll ist. Vor allem muss es sich immer lohnen. Jetzt ist es an Ihnen, egoistisch zu sein.

Schließen Sie die Augen und überlegen Sie sich drei Dinge, die Ihnen an Ihrem Hund besonders wichtig sind. Haben Sie sich entschieden? Dann schreiben Sie sie hier auf.

Das können beispielsweise sein:
> wenn er friedlich neben Ihnen liegt,
> wenn er Kontakt während des Spaziergangs aufnimmt,
> wenn er zur Begrüßung nicht hochspringt.

Für diese drei Dinge bekommt Ihr Hund in der nächsten Zeit viel, sehr viel Aufmerksamkeit. Zeigt er eine dieser Verhaltensweisen, wird er gestreichelt, an seiner Lieblingsstelle gekrault, bekommt ein Leckerchen und liebevolle Worte. Ansonsten sind Sie in den nächsten Wochen sehr geizig mit Ihrer Zuneigung! Das ist eine schwierige Übung, da sie uns zu Herzen geht. Aber nehmen Sie sie ernst. Der Lohn: Je mehr Sie Ihre Zuwendung sinnvoll einsetzten, umso schneller machen Sie und Ihr Hund Fortschritte in der Erziehung.

Bei der Übung Grundstellung läuft der Hund einmal um Sie herum, um sich dann auf Ihrer linken Seite hinzusetzen.

Grundstellung

Lassen Sie Ihren Hund vor sich SITZ machen. Locken Sie ihn nun rechts hinter Ihren Rücken um sich herum, so dass er an Ihrer linken Seite zum Stehen kommt. Hier gehen Sie mit der Leckerchen haltenden Hand nach oben und etwas über den Kopf des Hundes zurück, sodass Ihr Hund sich hinsetzen muss.

Das Kommando heißt FUSS. Da es aber ähnlich wie BEI FUSS klingt, nennen wir es lieber RUM. Führen Sie das gesprochene Wort erst ein, wenn der Hund die Übung fehlerfrei kann.

 ## Das sollten Sie vermeiden

Um zu vermeiden, dass der Hund schräg neben Ihnen sitzt, hilft ein Hindernis: Stellen Sie sich mit etwas Abstand zu einer Wand auf. Locken Sie Ihren Hund nun an Ihre linke Seite. Wegen der Begrenzung durch die Wand kann Ihr Hund nicht zur Seite ausweichen und sitzt nah an ihrer Seite.

Tagesplan

Wiederholen Sie drei- bis fünfmal am Tag folgende Übungen in Ihrem Zuhause:

1 Sie beginnen mit der ZU MIR-Übung, je fünfmal. Bei Ihnen angekommen, soll er vorsitzen.

2 Anschließend machen Sie die oben beschriebene Grundstellungs-Übung.

3 Sie fahren mit einer Konzentrationsübung fort, heute zählen Sie bis 18.

4 Lassen Sie Ihren Hund mehrmals PLATZ machen, richten Sie sich dabei ein bisschen auf.

5 Üben Sie dreimal SITZ-BLEIB mit etwa sieben Schritten Entfernung.

Folgende Übungen machen Sie heute auf Ihrem Spaziergang:

1 Ihr Hund soll zehnmal SITZ-BLEIB machen. Gehen Sie dabei zwei Schritte zurück.

2 Mindestens zehnmal ist die ZU MIR-Übung dran. Belohnen Sie nur ab und zu mit einem Superleckerchen, sonst mit normalen Leckerchen.

3 Während Ihres Spaziergangs soll Ihr Hund fünfmal PLATZ machen.

4 Üben Sie dreimal hintereinander das NEIN. Sie legen das Leckerchen hin und stellen Ihren Fuß sofort darauf, wenn der Hund es sich schnappen will.

> **Beachten Sie:** Ihr Hund bekommt Zuwendung nur für ein erwünschtes Verhalten. Seien Sie sonst mit Zuwendungen geizig!

14. Tag

Hund allein zu Haus

Hunde sind Rudeltiere, alleine sein ist für sie unnatürlich. Deshalb müssen wir versuchen, die Trennung für den Vierbeiner möglichst einfach zu gestalten. Verbreiten Sie weder Abschieds- noch Ankunftsaufregung, gehen Sie einfach unbeeindruckt in Ihrem Zuhause ein und aus.

Ständige Nähe im Alltag verstärkt das Einsamkeitsgefühl bei Hunden. Sorgen Sie dafür, dass Ihr Hund nicht durchgehend mit Ihnen in einem Raum ist. Hunde, die immer dicht bei Ihren Menschen sind, empfinden eine Trennung als Katastrophe. Fließende Übergänge verkraftet Ihr Hund besser als abruptes Auseinandergehen. Befüllbare Spielzeuge oder Kauspielzeuge können die Einsamkeit der Hunde mildern. Sie machen Spaß und sorgen für Beschäftigung.

Bei bereits bestehender Trennungsangst wenden Sie sich am besten an einen Hunde-Verhaltenstherapeuten.

Hunde fühlen sich in ihrer Gruppe am wohlsten. Trennungsangst ist ein häufiges Verhaltensproblem.

BEI FUSS

BEI FUSS bedeutet: der Hund geht im gleichen Tempo wie Sie, dicht an Ihrer linken Seite und schaut Sie an.

Rufen Sie Ihren Hund zu sich. Belohnen Sie ihn. Dann locken Sie ihn mit einem Leckerchen auf Ihre linke Seite. Gehen Sie zwei Schritte, halten Sie Ihre Hand dabei so, dass Ihr Hund in der gewünschten Position läuft. Sagen Sie BEI FUSS und belohnen ihn. Dann lösen Sie die Übung mit einem munteren LAUF auf und spielen mit Ihrem Vierbeiner. Wiederholen Sie die Übung noch einige Male. Mehr als *zwei bis drei Schritte* sollen es zu Beginn nicht sein!

Dieses Kommando stammt zwar aus dem Hundesport, ist aber für den Alltag eine sehr praktische Übung. Kommt ihnen etwa ein Fahrradfahrer entgegen, können Sie Ihren Hund solange BEI FUSS gehen lassen, bis der Radler vorbei ist. Das Kommando kann auch mit Leine geübt werden, hat aber streng genommen nichts mit der Leinenführigkeit zu tun.

Das sollten Sie beachten

> Halten Sie das Leckerchen nicht zu hoch, sonst hüpft Ihr Hund neben Ihnen. Ist Ihr Hund klein, müssen Sie sich bücken.
> Der Hund soll wirklich nah bei Ihnen laufen.

Beachten Sie: BEI FUSS bedeutet: der Hund „klebt" an Ihrem Bein und schaut zu Ihnen hoch. Tempo- und Richtungswechsel werden sofort umgesetzt.

Tagesplan

Wiederholen Sie drei- bis fünfmal am Tag folgende Übungen in Ihrem Zuhause:

1 Die ZU MIR-Übung, je fünfmal. Kombinieren Sie die Übung mit einem SITZ.

2 Im Anschluss üben Sie die Grundstellung. Achten Sie darauf, dass Ihr Hund korrekt sitzt, sonst nehmen Sie ein Hindernis zu Hilfe.

3 Machen Sie etwa fünfmal die oben beschriebene BEI FUSS-Übung. Mehr als zwei bis drei Schritte sollten Sie nicht üben. Dann Pause und noch mal von vorne.

4 Sie fahren mit einer Konzentrationsübung fort, heute zählen Sie dabei bis 20.

5 Lassen Sie Ihren Hund in verschiedenen Räumen Ihres Zuhauses PLATZ machen. Versuchen Sie sich dabei ein bisschen mehr aufzurichten.

6 Üben Sie SITZ-BLEIB mit acht Schritten Entfernung und mit drei Schritten Entfernung plus Drehung, beides dreimal.

Folgende Übungen machen Sie heute auf Ihrem Spaziergang:

1 Bevor Sie Ihren Hund ableinen, muss er SITZ machen. Nachdem er ruhig sitzt, leinen Sie ihn ab. Wenn er Sie anschaut, entlassen Sie ihn mit einem LAUF. Abfolge in Kürze: SITZ – ableinen – Hund schaut – Auflösungskommando LAUF.

2 Die ZU MIR-Übung mindestens zehnmal. Mal belohnen Sie mit einem Superleckerchen, mal mit einem normalen Leckerchen.

Im Kommando BEI FUSS läuft Ihr Hund in Ihrer Geschwindigkeit an Ihrer linken Seite und schaut Sie möglichst an.

3 Ihr Hund soll fünfmal während des Spazierganges PLATZ machen. Er soll es einfach haben: Suchen Sie ablenkungsfreie Orte.

4 Üben Sie SITZ-BLEIB mit drei Schritten Entfernung, dreimal.

5 Üben Sie während Ihres Spazierganges immer mal wieder das NEIN. Geht der Hund an Dinge, die er nicht haben soll, sagen Sie Ihr Abbruchwort und belohnen ihn, wenn er sich davon abbringen lässt.

Beachten Sie: Bevor Sie Ihren Hund aus dem Auto springen lassen, soll er erst Sie anschauen und dann darf er mit einem LAUF herausspringen.

3. Woche

Sie haben schon eine Menge gelernt. Toll!

Achten Sie nun weiterhin darauf, dass Sie mit Ihrem Hund die Kommandos so korrekt wie möglich üben. Diese anfängliche Mehranstrengung macht sich in gutem Gehorsam bezahlt. Mit der Zeit gehen die Kommandos so in Fleisch und Blut über, dass Sie sich gar keine Gedanken mehr darüber machen müssen. Hunde merken sofort, wenn wir nicht auf die richtige Ausführung bestehen. Dann wird schlampiger Gehorsam zur Gewohnheit.

Bestehen Sie jedoch nicht auf die Ausführung wenn Ihr Hund gestresst ist. Im Beisein vieler Menschen, fremder Umgebung oder anderer Hunde wird Ihr Hund in diesem Stadium die Kommandos nur fehlerhaft oder gar nicht befolgen. Sichern Sie dann Ihren Hund einfach mit einer Leine. Korrektes Ausführen in ablenkungsarmer Umgebung, darauf dürfen Sie nun bestehen.

15. Tag

Alternativverhalten

Zeigt Ihr Hund unerwünschtes Verhalten, gibt es drei Möglichkeiten: ignorieren, ablenken oder anderweitig beschäftigen.

Durch das Ignorieren können viele störende Verhaltensweisen erfolgreich gelöscht werden. Wenn das Ignorieren nicht reicht, kann man den Hund ablenken. Bellt Ihr Hund beim Gassigehen seinen Lieblingsfeind an, kann man ihn mit einem besonders guten Leckerchen ablenken. Achten Sie darauf, Ihrem Hund das Leckerchen vor dem zu erwartenden Fehlverhalten zu zeigen und so die Aufmerksamkeit auf sich zu lenken. Ist der andere Hund vorbei, bekommt er es. Geben Sie ihm das Leckerchen nie, wenn er schon bellt, sonst empfindet er das als Belohnung!

Noch effektiver ist das Alternativverhalten, hier bietet sich das SITZ an. Es ist leichter, einen Hund dazu zu bringen etwas Erwünschtes zu tun als etwas Unerwünschtes zu unterlassen.

Konzentriert sich Ihr Hund auf eine Übung, ist er abgelenkt und gut zu kontrollieren.

Leinenführigkeit 1

Das Training der Leinenführigkeit verlangt von Ihnen viel Mühe, Konsequenz und Geduld. Zum Einstieg ändern Sie ab heute vor allem *Ihr* Verhalten an der Leine:

> Solange Ihr Hund an der Leine ist, bestimmen Sie Tempo und Richtung.
> Markieren, Schnüffeln und Spielen ist für Hunde an der Leine tabu. Lassen Sie Ihren Hund zum Geschäft verrichten frei. Wenn das nicht möglich ist, führen Sie ihn an der Langleine aus.
> Zieht Ihr Hund an der Leine, geben Sie seinem Zug nicht nach. Sie haben nun drei Möglichkeiten: Gehen Sie weiter Ihren Weg, bleiben Sie einfach stehen, oder gehen Sie in die entgegengesetzte Richtung. Er darf nicht das Gefühl haben, dass Sie ihm nachgeben. Ganz im Gegenteil, sein Ziehen darf keinen Erfolg haben.

Das sollten Sie beachten

In der nächsten Zeit kommen Sie nur langsam vorwärts, wenn Sie Ihren Hund an der Leine haben. Planen Sie dies zeitlich ein und geben Sie vor allem nicht auf!

Die Leinenführigkeit hat kein Kommando. Ziel der Leinenführigkeit ist, dass Ihr Hund ab dem Moment, an dem er an der Leine ist, gesittet und ruhig an lockerer Leine neben Ihnen herläuft.

Beachten Sie: Bevor Ihr Hund folgsam an der Leine läuft, müssen Sie Ihr eigenes Verhalten an der Leine überdenken und eventuell ändern.

Tagesplan

Wiederholen Sie drei- bis fünfmal am Tag folgende Übungen in Ihrem Zuhause:

1 Die ZU MIR-Übung, je fünfmal. Kombinieren Sie die Übung mit einem SITZ.

2 Im Anschluss üben Sie die Grundstellung. Sitzt der Hund schräg, üben Sie weiterhin mit Hilfe eines Hindernisses.

3 Machen Sie dann etwa fünfmal die BEI FUSS-Übung. Auch heute nicht mehr als vier bis fünf Schritte, diese aber korrekt ausgeführt. Nach der Übung legen Sie eine kurze Pause ein und wiederholen dann die Übung.

Lassen Sie sich nicht von Ihrem Hund durch die Gegend ziehen.

4 Sie fahren mit einer Konzentrationsübung fort, heute zählen Sie dabei bis 22.

5 Lassen Sie Ihren Hund in verschiedenen Räumen Ihres Zuhauses PLATZ machen. Versuchen Sie sich dabei ganz aufzurichten.

6 Üben Sie SITZ-BLEIB mit neun Schritten Entfernung und im Anschluss mit vier Schritten Entfernung und einmal umdrehen, beides dreimal.

Folgende Übungen machen Sie heute auf Ihrem Spaziergang:

1 Trainieren Sie die ZU MIR-Übung mindestens zehnmal. Der Hund kann ein paar Schritte entfernt sein, Sie müssen sich aber sicher sein, dass er kommt. Kombinieren Sie die Übung im Anschluss mit einem SITZ. Es wird nur ab und zu mit einem Superleckerchen belohnt, sonst mit einem normalen Leckerchen.

2 Ihr Hund soll fünfmal während des Spazierganges PLATZ machen.

3 Üben Sie dreimal SITZ-BLEIB mit vier Schritten Entfernung.

4 NEIN-Übung: Legen Sie ein Leckerchen etwa einen Meter vor Ihren sitzenden und angeleinten Hund hin. Sagen Sie NEIN und belohnen Sie ihn. Steht er auf, wird er mit der Leine zurückgehalten und die Übung wird wiederholt. Heben Sie das Leckerchen dann wieder auf und stecken es ein.

5 Achten Sie darauf, dass Sie an der Leine Richtung und Tempo bestimmen.

Beachten Sie: An der Leinenführigkeit lässt sich schön die Rangordnung festigen. Sie bestimmen den Weg, Ihr Hund muss folgen!

16. Tag

Stress

Es gibt viele Ursachen, warum ein Hund sich nicht konzentrieren kann. Ein häufiger Grund ist Stress. Der Begriff Stress steht in diesem Falle für die gesamte Palette an Emotionen, die Hunde in ihrem Lebensgefühl so beeinträchtigen, dass sie sich nicht aufs Lernen konzentrieren können: Angst, Aufregung, Unwohlsein, Bedrohung, Hunger, Durst oder sexuelle Erregung.

Diese Stress auslösenden Faktoren sollten beim Training beachtet werden:
> Durst und übermäßiger Hunger
> läufige Hündinnen und konkurrierende Rüden
> die Nähe von anderen Hunden
> die Bedrohung des Hundes durch seine Menschen durch Missmut, Leinerucken, lauten Befehlston, körperlich bedrohliche Nähe
> zu hohe Trainingsanforderungen
> starke Ablenkung

Vermeiden Sie beim Training Überforderung, wenn Ihr Hund gestresst ist.

Der Hund sitzt schön in der Grundstellung – die ideale Ausgangsposition, um BEI FUSS zu üben.

Futter erarbeiten

Damit Ihr Hund Leckerchen als tolle Belohnung empfindet, sollte er nicht kurz vor dem Training gefüttert werden. Praktisch und gut für die Linie des Hundes: Lassen Sie ihn sich sein Futter erarbeiten. Füllen Sie dafür einen Teil seiner Futterration in eine Hüfttasche oder in einen Snackbeutel. Führt er nun Kommandos gut aus, bekommt er sein verdientes Futter.

Es macht Hunde genauso wie uns Menschen glücklich, wenn man sich seine Belohnung verdient.

BEI FUSS

Rufen Sie Ihren Hund zu sich und positionieren ihn in die Grundstellung. Erste Belohnung! Halten Sie dann ein neues Leckerchen vor die Nase Ihres Hundes, gehen Sie mit dem linken Bein los und sagen beim ersten Schritt BEI FUSS. „Klebt" Ihr Hund drei Schritte lang mit seiner Schnauze an Ihrer Hand, bekommt er das Leckerchen und wird mit einem munteren LAUF entlassen. Achten Sie darauf, dass Ihr Hund korrekt in der Grundstellung sitzt und anschließend einige Schritte schön BEI FUSS geht.

Gehen Sie mit dem *rechten* Bein los, soll Ihr Hund sitzen bleiben. Üben Sie das aber erst zu einem späteren Zeitpunkt.

Beachten Sie: Ihr Hund soll auf Höhe Ihrer Knie gehen – nicht davor und nicht dahinter. Er hält sich nah bei Ihnen und schaut Sie an.

Tagesplan

Wiederholen Sie drei- bis fünfmal am Tag folgende Übungen in Ihrem Zuhause:

1 Üben Sie fünfmal ZU MIR. Kombinieren Sie die Übung im Anschluss mit der Grundstellung.

2 Aus der Grundstellung heraus machen Sie einige Schritte BEI FUSS und belohnen Ihren Hund danach mit einem Leckerchen oder einem Ballspiel. Nach einer kleinen Pause wiederholen Sie die Übung (insgesamt fünfmal).

3 Sie fahren mit einer Konzentrations-übung fort, heute zählen Sie dabei bis 24.

4 Lassen Sie Ihren Hund in verschiedenen Räumen Ihres Zuhauses PLATZ machen. Klatschen Sie dabei zur Ablenkung in die Hände.

5 Üben Sie dreimal SITZ-BLEIB. Entfernen Sie sich nur so weit von Ihrem Hund, dass er nicht aufsteht.

6 Üben Sie SITZ-BLEIB mit einem Schritt zur Seite.

Folgende Übungen machen Sie heute auf Ihrem Spaziergang:

1 Trainieren Sie mindestens zehnmal die ZU MIR-Übung. Kombinieren Sie die Übung im Anschluss mit einem SITZ.

2 Üben Sie nun PLATZ mit kleinen Ablenkungen: Menschen in der Nähe oder Hunde in der Ferne (mindestens 20 Meter entfernt).

Der Hund läuft beinahe perfekt BEI FUSS: nah dran am Bein und er schaut aufmerksam nach oben.

3 Üben Sie dreimal SITZ-BLEIB mit fünf Schritten Entfernung.

4 Werfen Sie ein Leckerchen etwa einen Meter vor Ihren sitzenden Hund hin. Sagen Sie im gleichen Moment NEIN und belohnen sie ihn, wenn er brav sitzen bleibt. Heben Sie das geworfene Leckerchen wieder auf.

5 Achten Sie auf die Leinenführigkeit: Wer bestimmt, wohin es geht?

Beachten Sie: Ziel ist es, dass Sie beim Geben eines Kommandos ruhig und aufrecht stehen. Versuchen Sie jeden Tag etwas weniger Lockbewegungen zu machen.

17. Tag

Was tun bei Problemen?

Ihr Hund zeigt problematisches oder unerwünschtes Verhalten? Er bellt Besucher an, schnappt nach Kindern, jagt Hasen und Katzen? Die erste Frage ist nicht: Wie kann ich das Problem lösen? Diese kommt erst viel später. Die erste Frage muss sein: Wie kann ich durch mein Verhalten dazu beitragen, dass das Problem nicht mehr auftritt?

Beispiel: Ihr Hund bellt Besucher an. Dann kommt er eben in ein anderes Zimmer, wenn sich Besuch ankündigt.

> **Beachten Sie:** Bei jedem Verhaltensproblem Ihres Hundes stellen Sie sich als erstes die Frage: Wie kann ich die Situation in Zukunft organisieren?

Oder Ihr Vierbeiner jagt: Dann bleibt er erst mal an der Langleine. Schnappt Ihr Hund nach Kindern? Dann dürfen Kinder Ihren Hund nicht streicheln und er ist immer an der Leine, wenn Kinder in der Nähe sind.

Bei jedem Problem überlegen Sie zunächst, wie Sie das problematische Verhalten verhindern können. In einigen Fällen ist es dann sogar schon gelöst. Denken Sie daran: Je häufiger ein Fehlverhalten ausgeübt wird, umso gewohnter ist es für den Hund und umso schwerer ist es, ihm dies wieder abzugewöhnen. Warten Sie also nicht lange ab, sondern ergreifen Sie Maßnahmen.

Es gibt aber auch unerwünschtes Verhalten, das man Hunden nicht so einfach abgewöhnen kann. Sie können es nur regeln oder in Bahnen leiten. Buddeln gehört beispielsweise dazu. Buddeln ist ein weit verbreiteter Freizeitspaß unter Hunden. Es ist durchaus möglich, gewisse Buddelstellen, wie zum Beispiel Ihr Beet, zu verbieten. Buddeln ganz zu verbieten ist fast unmöglich, da es zum normalen Hundeverhalten gehört.

Viele Probleme lassen sich mit einem guten Grundgehorsam lösen. Ihr Hund springt Menschen an, frisst Unrat, jagt Jogger? Mit einem sicheren und verlässlichen Rückruf könnte dieses Verhalten vermieden werden. Also, dran bleiben!

Bei unerwünschtem oder gar aggressivem Verhalten müssen Sie mit entsprechenden Maßnahmen gegensteuern.

Rückruf 3

Bisher hat Ihr Hund nach dem Heran-kommen sein Leckerchen bekommen und durfte wieder gehen. Später haben Sie im Anschluss an das Herankommen von ihm ein SITZ verlangt (Vorsitzen). Es gibt noch eine dritte Variante: Ihr Hund kommt auf Sie zu, geht um Sie herum und setzt sich dann neben Ihnen in die Grundstellung. So geht's:

> Sie rufen Ihren Hund mit dem Kom-mando ZU MIR und halten ihm die Hand mit dem Leckerchen entgegen. Ist er bei Ihnen angekommen, gehen Sie drei Schritte rückwärts. Jetzt bekommt der Hund seine Belohnung und kann wieder gehen.

> Sie rufen Ihren Hund mit dem Kom-mando ZU MIR und halten ihm die Hand mit dem Leckerchen entgegen. Ist Ihr Hund bei Ihnen angekommen, wandert die Hand nach oben ins Sitz-zeichen und Sie sagen SITZ.

> Sie rufen Ihren Hund mit dem Kom-mando ZU MIR und halten ihm die Hand mit dem Leckerchen entgegen. Ist er bei Ihnen angekommen, sagen Sie FUSS oder RUM und machen eine Handbewegung rechts an Ihrem Ober-schenkel vorbei nach hinten. Ihr Hund geht um Sie herum und setzt sich links neben Sie in die Grundstellung. Achten Sie darauf, dass Ihr Hund in der Grundstellung schön neben Ihnen sitzt.

Beachten Sie: Sie können das Herankommen Ihres Hundes beschleunigen, indem Sie ihn, während er auf Sie zu kommt, freudig und motivierend loben.

Das sollten Sie vermeiden

> Laufen Sie nie Ihrem Hund hinter-her, wenn er nicht kommt! Bewegen Sie sich lieber zügig in eine andere Richtung. Ist sein Gehorsam im Freien unzureichend, müssen Sie mit einer Schleppleine üben (siehe 10. Tag).

> Vergessen Sie nicht, schmackhafte Leckerchen mitzunehmen: Geflügel-fleischwurst, Katzenfutter und Käse sind sehr beliebt. Hauptsache, Ihr Hund ist verrückt danach!

> Üben Sie den Rückruf nur in Situati-onen, in denen Sie hundertprozentig sicher sind, dass Ihr Hund kommt.

> Denken Sie daran: Ihr Hund soll gerne und häufig zu Ihnen kommen. Also sparen Sie nicht an dieser Übung.

Rufen Sie Ihren Hund zu sich her und machen Sie dabei drei Schritte rückwärts.

Tagesplan

Wiederholen Sie drei- bis fünfmal am Tag folgende Übungen in Ihrem Zuhause:

1 Üben Sie fünfmal ZU MIR. Ist Ihr Hund bei Ihnen angekommen, soll er sich entweder von Sie hinsetzen (vorsitzen) oder er geht um Sie herum in die Grundstellung. Üben Sie abwechselnd das Herankommen mit anschließendem Vorsitzen oder anschließender Grundstellung. Achten Sie darauf, dass Ihr Hund nah bei Ihnen sitzt.

Rufen Sie Ihren Hund und lassen Sie ihn direkt vor sich hinsitzen. Das nennt man Vorsitzen.

2 Aus der Grundstellung heraus lassen Sie Ihren Hund dann einige Schritte BEI FUSS gehen. Danach hat er eine Pause und ein kleines Spiel verdient, denn diese Abfolge von Kommandos ist sehr anspruchsvoll. Sie erfordert von Ihrem Hund viel Konzentration. Wenn Sie diese Sequenz erfolgreich absolvieren, können Sie auf sich und Ihren Hund sehr stolz sein.

3 Sie fahren mit einer Konzentrationsübung fort, heute zählen Sie dabei bis 26.

4 Lassen Sie Ihren Hund in verschiedenen Räumen Ihres Zuhauses PLATZ machen. Unter anderem auch auf seinem Schlafplatz. Vergessen Sie nicht, ihn mit einem munteren LAUF aufzulösen.

5 Üben Sie dreimal SITZ-BLEIB. Entfernen Sie sich nur so weit von Ihrem Hund, dass er dabei garantiert keinen Fehler machen kann.

6 Üben Sie SITZ-BLEIB, indem Sie sich erst neben, danach wieder vor Ihren Hund stellen. Belohnen nicht vergessen!

Wenn Sie Ihren Hund zu Hause rufen, müssen Sie nun nicht mehr darauf achten, ob eine Ablenkung vorliegt. Er sollte inzwischen im Haus aus jeder Situation gerne und zügig kommen. Tut er das nicht, ist er nicht motiviert genug. Dann müssen Sie eventuell die Futtersituation überdenken: Wann hat er das letzte Mal gefressen? Sind die Leckerchen wirklich toll? Falls diesbezüglich alles in Ordnung ist, haben Sie das Kommando vielleicht zu schnell aufgebaut und Sie müssen noch mal einige Tage zurück.

Mit einer Handbewegung, Leckerchen und dem Kommando FUSS oder RUM holen Sie Ihren Hund aus dem Vorsitz in die Grundstellung.

Folgende Übungen machen Sie heute auf Ihrem Spaziergang:

1 Trainieren Sie mindestens zehnmal die ZU MIR-Übung. Üben Sie abwechselnd das unterschiedliche Herankommen: Vorsitzen, Grundstellung oder das einfache Herankommen. Nehmen Sie sich ein Hindernis (Baum, Zaun) zu Hilfe, wenn Ihr Hund schräg oder zu weit weg von Ihnen in Grundstellung sitzen will.

2 Ihr Hund soll fünfmal während des Spazierganges PLATZ machen. Schlenkern Sie dabei zur Ablenkung mit der Leine. Es ist immer gut, wenn Sie während der Übung für den Hund überraschende Dinge machen, denn das Durchstehen einer Ablenkung fördert die Sicherheit des Kommandos.

3 Üben Sie dreimal SITZ-BLEIB mit sechs Schritten Entfernung.

4 Suchen Sie sich unterschiedliche Sitzmöglichkeiten für Ihren Hund. Einen Baumstamm, einen Laubhaufen, eine Wiese, an der Straße: Lassen ihn überall dort SITZ machen. Das Trainieren auf unterschiedlichen Untergründen festigt das Kommando für unvorhergesehene Situationen.

5 Leinenführigkeit: Achten Sie darauf, dass Sie den Weg bestimmen.

Beachten Sie: Zuerst belohnen Sie Ihren Hund, dann lösen Sie ein Kommando auf (siehe 2. Tag). Also: Kommando – Belohnung – LAUF!

18. Tag

Aggression gegen Menschen

Der Hund und auch der Wolf sind hochsoziale Wesen. Sie versuchen Konflikte zu vermeiden, da diese Energieverschwendung sind. Beißen ist also ein Verhalten, welches Hunden gewollt oder ungewollt von uns Menschen antrainiert wird.

Aggression in Form von Beißen ist also immer erlernt! Kein Hund wird als beißwütiges Wesen geboren. Wir Menschen machen ihn dazu: Durch übersteigerte Zuchtauswahl, durch Unwissenheit in der Hundeerziehung,

> **Beachten Sie:** Unterscheiden Sie immer zwischen Aggression gegenüber Menschen oder Hunden – der tollste Familienhund kann absolut unverträglich mit anderen Hunden sein.

durch Nichtverstehen der hundlichen Körpersprache oder durch gezieltes Training.

Eine kritische Situation, in der ein Hund beißen wird: Wenn sich der Vierbeiner in einer für ihn so bedrohlichen oder schmerzhaften Situation befindet, dass er sich nicht mehr anders zu helfen weiß, wird er in höchster Not zubeißen.

Neben Schmerz als Ursache passieren Beißvorfälle häufig im Zusammenhang mit dem Bewachen von für den Hund wichtigen Dingen (Haus, Auto, Familie, Fressen, Spielsachen) und in Angstsituationen.

Aggression ist eine sehr logische Verhaltensweise des Hundes und hängt stark von der Welpenzeit und natürlich auch von der Erziehung ab.

Ziel aggressiven Verhaltens, welches immer mit Drohen (Knurren, Zähneblecken, in die Luft schnappen) beginnt, ist eine Abstandvergrößerung. Der Angstauslöser oder der bedrohliche Mensch sollen sich entfernen. Direkter Blickkontakt bedeutet zudem Provokation für den Hund. Den Blick abwenden entschärft die Situation.

Lassen Sie sich nie auf einen Kampf mit einem Hund ein, Sie verlieren ihn höchstwahrscheinlich. Vergrößern Sie lieber den Abstand.

Mit der „Spielaufforderung" versuchen Hunde oft, Situationen zu entschärfen.

Angstreaktionen: Die vier F

Befindet sich ein Hund in einer unangenehmen Situation, hat er vier Möglichkeiten zu reagieren:

> Er kann sich aus der Situation entfernen (fliehen/flight),
> er kann sich wehren (kämpfen/fight),
> er kann sich vor Schreck nicht mehr bewegen (erfrieren/freeze),
> oder er kann mit Charme und Spielaufforderung versuchen, die Situation zu entschärfen (flirten/flirt).

Entscheidet der Hund sich für den Kampf, hat er damit oft kurzfristig Erfolg. Denn das, was ihn störte, entfernt sich höchstwahrscheinlich. Er hat dabei gelernt, dass Aggression sich lohnt.

Lassen Sie Ihren Hund erst gar nicht in eine Situation kommen, in der er sich so bedrängt fühlt, dass er als einzigen Ausweg den Kampf sieht. Kinder etwa können Hunde so in die Enge treiben, dass Hunde sich nicht mehr anders zu helfen wissen. Der Hund braucht immer eine Rückzugsmöglichkeit, in der er garantiert seine Ruhe hat. Eindeutige Körperhaltung oder auch Knurren sollten als Warnung akzeptiert und der Hund ruhig aus der Situation entfernt werden.

Viele Menschen sehen im Hund einen starken mutigen Begleiter. Zwar ist der Hund nicht so ängstlich wie sein Vorfahre, der Wolf, er hat aber prinzipiell eine defensive Grundstruktur. Deshalb ist es wichtig, ihn im Welpenalter an unsere vielschichtige Umwelt zu gewöhnen. Denn nur dann kann man ihm die Angst nehmen. Später kann dies unter Umständen nur im Rahmen einer Therapie erfolgen.

Tagesplan

Wiederholen Sie drei- bis fünfmal am Tag folgende Übungen in Ihrem Zuhause:

1 Üben Sie fünfmal ZU MIR. Kombinieren Sie die Übung im Anschluss mit SITZ (vorsitzen) oder der Grundstellung.

2 Aus der Grundstellung heraus lassen Sie Ihren Hund fünf Schritte BEI FUSS gehen.

3 Fahren Sie mit einer Konzentrationsübung fort, heute zählen Sie dabei bis 28.

4 Lassen Sie Ihren Hund in verschiedenen Räumen PLATZ machen. Haben Sie dabei ab heute kein Leckerchen mehr in der Hand, sondern in der Tasche.

5 Üben Sie dreimal SITZ-BLEIB mit einiger Entfernung.

6 Üben Sie SITZ-BLEIB und stellen Sie sich dabei erst hinter, danach wieder vor Ihren Hund.

Folgende Übungen machen Sie heute auf Ihrem Spaziergang:

1 Trainieren Sie mindestens zehnmal die ZU MIR-Übung. Üben sie das unterschiedliche Herankommen: Motivieren Sie Ihren Hund, Tempo zu machen: Loben Sie ihn, während er auf Sie zukommt. Klopfen Sie sich dabei auf die Oberschenkel.

2 Aus der Grundstellung heraus soll Ihr Hund drei Schritte BEI FUSS gehen.

3 Lassen Sie Ihren Hund fünfmal auf unterschiedlichen Bodenstrukturen PLATZ machen.

4 Üben Sie dreimal SITZ-BLEIB mit sieben Schritten Entfernung.

19. Tag

Umgangsformen

Hunde bevorzugen Menschen als Bindungspartner. Trotzdem ist der Kontakt zu anderen Hunden wichtig. Er wächst quasi zweisprachig auf: Er muss im Umgang mit anderen Hunden *und* mit seiner Familie Erfahrungen sammeln.

Die Hundesprache ist ihm zwar angeboren, doch muss er die sozialen Regeln im Kontakt mit anderen Hunden lernen. Zudem muss der Hund mit angezüchteten Ausdrucksformen zurechtkommen, damit es nicht zu Missverständnissen kommt. Hunde mit Stehohren oder einem Stehschwanz sind ja nicht aggressiv, zeigen aber körpersprachlich gesehen permanent aggressives Verhalten.

Soziale Regeln zwischen Mensch und Hund entsteht durch den alltäglichen Umgang miteinander. Stimme, Körperkontakt, Spielen, Kuscheln: So können sie voneinander lernen.

Beim Leinenführspiel muss sich Ihr Hund völlig auf Sie konzentrieren, da Ihre Bewegungen für ihn unvorhersehbar sind.

Leinenführigkeit 2

Das Ziel der ersten Lerneinheit zur Leinenführigkeit (15. Tag) war, dem Hund klarzumachen, dass nicht er mit Ihnen an der Leine spazieren geht, sondern Sie mit Ihm. Sie sollten ihm selbstbewusst Ihren Weg zeigen und seine Ziehversuche unter keinen Umständen tolerieren.

Nach einem aktiven Spiel oder einem langen Spaziergang (Ihr Hund sollte dadurch überschäumende Energie verbraucht haben) nehmen Sie ihn nun an die Leine. Laufen Sie spielerisch mit Ihm hin und her: Einige Schritte reichen aus, bauen Sie schnelle Richtungs-, Tempowechsel und Wendungen ein. Reden Sie lobend mit ihm, wenn er aufmerksam nachfolgt. Laufen Sie mal rückwärts und wieder auf ihn zu, sodass er ausweichen muss. Die Leine sollte dabei immer locker durchhängen. Diese Übung taucht in Erziehungsbüchern häufig unter dem Begriff „Leinenführspiel" auf.

Da Sie völlig unerwartete Bewegungen machen, muss der Hund sich auf Sie konzentrieren. Sie bekommen ein Gefühl dafür, wie leinenführig Ihr Hund bei voller Aufmerksamkeit ist. Gleichzeitig lernen Sie beide, den jeweils anderen am Ende der Leine besser einzuschätzen. Machen Sie diese Übung einmal während Ihres Spazierganges.

Beachten Sie: Beißt Ihr Hund in die Leine und will ein Zerrspiel mit Ihnen anfangen, bleiben Sie stocksteif stehen, bis Ihr Hund von der Leine ablässt.

Tagesplan

Wiederholen Sie drei- bis fünfmal am Tag folgende Übungen in Ihrem Zuhause:

1 Üben Sie fünfmal ZU MIR. Kombinieren Sie die Übung im Anschluss mit SITZ (vorsitzen) oder der Grundstellung.

2 Aus der Grundstellung heraus lassen Sie Ihren Hund sechs Schritte BEI FUSS gehen. Dann bleiben Sie stehen und gehen mit der Hand, mit der Sie Ihren Hund locken, nach oben, so dass Ihr Hund ins SITZ geht.

3 Sie fahren mit einer Konzentrations- übung fort, heute zählen Sie dabei bis 30.

4 Lassen Sie Ihren Hund in verschiedenen Räumen Ihres Zuhauses PLATZ machen. Versuchen Sie Sich dabei ganz aufzurichten und einen Schritt zurückzugehen.

5 Üben Sie dreimal SITZ-BLEIB mit einiger Entfernung.

6 Üben Sie SITZ-BLEIB, und gehen Sie dabei um Ihren Hund herum.

Folgende Übungen machen Sie heute auf Ihrem Spaziergang:

1 Trainieren Sie mindestens zehnmal die ZU MIR-Übung. Üben sie das unter- schiedliche Herankommen: Vorsitzen, Grund- stellung und das einfache Herankommen. Laufen Sie einige Male zügig von Ihrem Hund weg, bevor Sie ihn rufen.

2 Aus der Grundstellung heraus soll Ihr Hund vier Schritte BEI FUSS gehen und sich dann wieder in Grundstellung setzen.

Mit einem Hund, der schön an der Leine gehen kann, machen Spaziergänge gleich viel mehr Spaß.

3 Lassen Sie Ihren Hund fünfmal während des Spazierganges PLATZ machen.

4 Üben Sie SITZ-BLEIB in drei Varianten: einmal mit sechs Schritten Entfernung, einmal gehen Sie um Ihren Hund herum und einmal verschwinden Sie kurz hinter einem Baum.

5 Nehmen Sie Ihren Hund etwa nach der Hälfte des Spazierganges an die Leine und machen Sie das Leinenführspiel mit ihm.

Beachten Sie: Das Leinenführspiel ist ein Spiel mit klaren Spielregeln. In die Leine beißen oder Anrempeln gehört nicht dazu.

20. Tag

Es kommt Besuch

Jeder Hund hat einen mehr oder weniger stark ausgeprägten Trieb, etwas zu bewachen. Wenn Sie einen freundlichen Familienhund haben wollen, sollten Sie versuchen, diese sowieso vorhandene Eigenschaft nicht noch zu verstärken. Das bedeutet: Der Hund sollte weder im Eingangsbereich gefüttert werden noch dort seinen Schlafplatz haben. Wenn Besuch kommt, begrüßen die Menschen als Erste den Besuch. Bellt oder knurrt Ihr Hund Besucher an, versuchen Sie nicht, ihn mit Schimpfen zu maßregeln. Sie wecken dadurch beim Hund nur den Verdacht, dass es sich tatsächlich um eine heikle Situation handelt. Er wird beim nächsten Besuch so nur heftiger reagieren. Besser ist, Sie behalten Ruhe und regeln die Situation wie nachfolgend beschrieben. Ihr Hund muss wissen, dass Sie es sind, der entscheidet, wer in Ihrem Haus willkommen ist – nicht er.

Auch wenn Ihr Hund Sie noch so lieb und freundlich ansieht – machen Sie ihm seine Grenzen klar.

Geh auf deinen Platz

Locken Sie Ihren Hund mit einem Leckerchen zu seinem Liegeplatz. Lassen Sie ihn dort erst SITZ und dann PLATZ machen und belohnen Sie ihn. Das Kommando wird mit einem munteren LAUF wieder aufgelöst. Wiederholen Sie die Übung mehrmals, bis der Hund weiß, worauf es dabei ankommt.

Schließen Sie nun die BLEIB-Übung an. Liegt Ihr Hund ruhig auf seinem Platz, gehen Sie einen Schritt von ihm weg und sofort wieder auf ihn zu und belohnen ihn. Klingeln Sie nun an Ihrer Haustür und locken Sie Ihren Hund zu seinem Platz. Dort soll er sich hinlegen und kurz bleiben (PLATZ-BLEIB).

Das sollten Sie beachten

Bauen Sie ab heute diese Übung in Ihren Alltag ein: Wenn es an der Haustür klingelt, wird der Hund auf seinem Liegeplatz ins PLATZ gelegt. Zunächst darf Ihr Hund danach wieder aufstehen. Er soll jetzt lernen: „Klingeln bedeutet, dass ich auf meinem Liegeplatz eine Übung mache und dafür eine tolle Belohnung bekomme." Steigern Sie jeden Tag die Übung um einige Sekunden. Wiederholen Sie diese Übung außerdem, wenn Sie vom Gassigehen heim kommen. Eine Dose mit Leckerchen sollte immer griffbereit stehen.

> **Beachten Sie:** Ziel dieser Übung ist, dass Ihr Hund so lange liegen bleibt, bis der Besuch begrüßt und hereingekommen ist. Dann erst darf er aufstehen.

Tagesplan

Wiederholen Sie drei- bis fünfmal am Tag folgende Übungen in Ihrem Zuhause:

1 Üben Sie zu Beginn die oben beschriebene Übung GEH AUF DEINEN PLATZ.

2 Üben Sie fünfmal ZU MIR. Ihr Hund soll vorsitzen.

3 Aus der Grundstellung heraus lassen Sie Ihren Hund sieben Schritte BEI FUSS gehen. Beenden Sie die Übung ebenfalls in der Grundstellung. Ihr Hund soll lernen: Sobald Sie stehen bleiben, muss er sich hinsetzen.

5 Legen Sie ein Leckerchen auf den Boden, gehen Sie mit dem Hund BEI FUSS an dem Leckerchen vorbei und sagen NEIN. Bei Schwierigkeiten nehmen Sie ihn an die Leine.

6 Lassen Sie Ihren Hund in verschiedenen Räumen Ihres Zuhauses PLATZ machen. Kombinieren Sie PLATZ mit einer BLEIB-Übung, indem Sie zwei Schritte zurück gehen.

7 Üben Sie dreimal SITZ-BLEIB und gehen Sie dabei um Ihren Hund herum.

Folgende Übungen machen Sie heute auf Ihrem Spaziergang:

1 Trainieren Sie mindestens zehnmal die ZU MIR-Übung. Üben sie das unterschiedliche Herankommen: Vorsitzen, Grundstellung und das einfache Herankommen. Verstecken Sie sich ab und zu hinter einem Baum, bevor Sie ihn rufen.

2 Aus der Grundstellung heraus üben Sie BEI FUSS mit fünf Schritten.

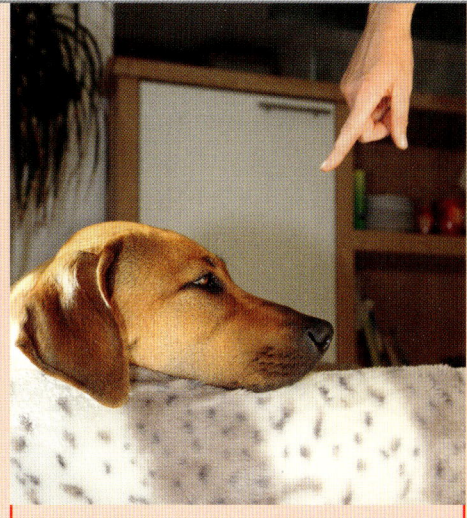

Wenn Besuch kommt, sagen Sie ihrem Hund deutlich, was Sie von ihm möchten: Mit dem Kommando GEH AUF DEINEN PLATZ und einem eindeutigen Handzeichen.

3 Ihr Hund soll fünfmal während des Spazierganges PLATZ machen. Drehen Sie sich dabei einmal um sich selbst.

4 Üben Sie dreimal SITZ-BLEIB mit fünf Schritten Entfernung. Hocken Sie sich auf den Boden und tun Sie so, als ob Sie sich die Schuhe zubinden.

5 Nehmen Sie Ihren Hund etwa nach der Hälfte des Spazierganges an die Leine und machen Sie das Leinenführspiel mit ihm.

Beachten Sie: Vergessen Sie Ihren Hund nicht auf seinem Platz! Er soll nicht die Erfahrung machen, dass er selbst ein Kommando auflösen kann, bevor Sie es erlaubt haben!

21. Tag

Strafe durch Erschrecken

Strafe in Form von Handgreiflichkeiten ist grundsätzlich abzulehnen: Nackenschütteln, auf den Rücken werfen und mit der Zeitung schlagen gehören der Vergangenheit an und stehen hier als Erziehungsmaßnahmen nicht zu Diskussion.

Strafe in Form von Erschrecken kann jedoch bewirken, dass der Hund störendes Verhalten beendet. Hierzu zählen in die Hände klatschen, laut rufen, etwas in Richtung des Hundes werfen (ohne ihn dabei zu treffen).

> **Beachten Sie:** Wenn Sie Ihren Hund nicht in dem Moment erwischen, in dem er sein unerwünschtes Verhalten zeigt, können Sie es auch nicht bestrafen.

Dies ist aber immer mit dem Risiko verbunden, das Vertrauen Ihres Hundes in Sie zu erschüttern. Beobachten Sie deshalb genau die Körpersprache Ihres Hundes, wenn Sie ihn erschrecken. In den meisten Fällen reichen schon ein Wegschieben und ein deutliches, tiefes „Nein!", um den Hund von seiner unerwünschten Handlung abzuhalten.

Nur wenn Sie im richtigen Moment (sofort!) reagieren, besteht die Möglichkeit, dass das Fehlverhalten nicht mehr auftritt. Beispiel: Ihr Junghund will zum ersten Mal das Sofa testen. Wenn Sie ihn mit Getöse verjagen, ist die Chance relativ hoch, dass es der erste und letzte Sofaversuch Ihres Hundes war. Wichtig ist hier, dass kein Erfolgserlebnis (unbeaufsichtigtes Schlummern im weichen Sofa) stattfinden kann. Sonst ist die Strafe sinnlos und ohne Wirkung. In diesem Fall hilft es nur, das Vergehen unmöglich zu machen: Schließen Sie während Ihrer Abwesenheit die Wohnzimmertür.

Müssen Sie Ihren Hund immer wieder wegen einer bestimmten Sache maßregeln, ist die Strafe offensichtlich wirkungs- und damit sinnlos. Überlegen Sie stattdessen in aller Ruhe, wie Sie durch ein besseres Management (siehe 17. Tag) das Problem in den Griff bekommen können.

Machen Sie Ihrem Hund gegebenenfalls von Anfang an klar, dass sein Platz woanders ist.

Leinenführigkeit 3

Zieht Ihr Hund an der Leine, bleiben Sie abrupt so lange stehen, bis er Sie anschaut. Und er wird Sie anschauen, weil es ja schließlich nicht weiter voran geht. Je nach Hundetyp kann das eine ganze Weile dauern – bleiben Sie eisern! Genau dann, wenn er Sie anschaut, gehen Sie weiter und loben ihn. Stecken Sie ihm ab und zu ein Leckerchen zu, wenn er einige Schritte mit durchhängender Leine neben Ihnen hergeht.

Eine prompte Reaktion und Konsequenz sind das Geheimnis der Leinenführigkeit. Jedes leichte Anspannen der Leine wird im gleichen Moment von Ihnen mit einer Reaktion (Stehenbleiben oder Richtungswechsel) beantwortet. Es ist sehr zeitraubend, bei jedem Anspannen der Leine stehen zu bleiben. Planen Sie viel Zeit ein und bleiben Sie stoisch, denn ein paar hundert Meter können auf diese Weise leicht eine halbe Stunde dauern.

Theoretisch müssen Sie ab jetzt jedes Ziehen des Hundes Ihrerseits mit Stehenbleiben beantworten. Das ist jedoch im Alltag vielleicht nicht möglich. Wenn Sie mit Ihrem Hund an der Leine gehen wollen, aber keine Zeit für die Übung haben, ziehen Sie Ihrem Hund etwas eindeutig anderes an: Ein Geschirr, wenn er sonst am Halsband geführt wird, oder ein Halsband, wenn er sonst am Geschirr geführt wird. Daran darf er dann weiterhin ziehen. An dem Führmittel, mit dem er in Zukunft geführt wird, darf er ab jetzt nicht mehr ziehen!

Ist Ihr Hund sehr aufgeregt, weil Sie zum Beispiel auf dem Weg zu Hundeschule sind oder er seinen Spielkamerad sieht, lassen Sie ihn lieber los oder ziehen Sie ihm schon vorher das Führ-

> **Beachten Sie:** Sofort stehen bleiben, wenn der Hund die Leine anspannt! Direkt weitergehen, wenn er Blickkontakt aufnimmt und die Leine lockert.

mittel an, mit dem er ziehen darf. In so einer Situation ist es schlicht unmöglich, die Leinenführigkeit zu üben.

Stark ziehende oder sehr kräftige Hunde kann man auch an einem sogenannten Kopfhalfter führen. Der Hund ist damit leichter zu kontrollieren, da man Einfluss auf seine Blickrichtung nehmen kann. Dieses für Hunde entwickelte Kopfhalfter muss jedoch unbedingt speziell mit einem Trainer geübt werden!

Bleiben Sie stehen und Ihr Hund sieht sich nach Ihnen um, loben Sie ihn ausführlich und gehen Sie dann weiter.

Tagesplan

Wiederholen Sie drei- bis fünfmal am Tag folgende Übungen in Ihrem Zuhause:

1 Sie beginnen mit der ZU MIR-Übung. Ihr Hund soll vorsitzen.

2 Dann folgt die BEI FUSS-Übung: Stellen Sie zwei Stühle auf und gehen Sie mit Ihrem Hund eine Acht um die Stühle. Ihr Hund soll eng und konzentriert neben Ihnen gehen.

3 Lassen Sie Ihren Hund in verschiedenen Räumen Ihres Zuhauses PLATZ machen. Kombinieren Sie dies mit einer BLEIB-Übung, indem Sie drei Schritte zurück gehen.

4 Üben Sie SITZ-BLEIB und lenken Ihren Hund dabei leicht ab. Gehen sie kurz aus dem Raum, um ihn herum, hüpfen Sie oder schlenkern mit den Armen. Hauptsache, Sie machen immer mal etwas anderes, um die Zuverlässigkeit des Kommandos zu stärken.

5 In Anschluss üben Sie GEH AUF DEINEN PLATZ. Machen Sie die Übung erst ohne Klingeln und dann mit Klingeln an der Haustür. Ihr Hund sollte das Klingeln mit seinem Platz und einer tollen Belohnung verknüpfen. Bis eine Verknüpfung hergestellt ist, müssen Sie die Übung oft wiederholen. Ihre Besucher werden es Ihnen danken!

Essen Sie einen Apfel, machen Sie etwas Ungewöhnliches, während Ihr Hund ein Kommando ausführt. Ablenkungen steigern und verändern, nur so kann der Gehorsam Ihres Hundes gefestigt werden.

Folgende Übungen machen Sie heute auf Ihrem Spaziergang, nehmen Sie dafür ein Spielzeug mit:

1 Trainieren Sie mindestens zehnmal die ZU MIR-Übung. Üben sie das unterschiedliche Herankommen: Vorsitzen, Grundstellung und das einfache Herankommen. Rennen Sie von Ihrem Hund ein Stück weg, bevor Sie ihn rufen. Motivieren Sie ihn mit freudiger Stimme, Ihnen schnell hinterherzurennen.

2 Üben Sie BEI FUSS, indem Sie Bäume als Slalomstangen benutzen.

3 Ihr Hund soll fünfmal während des Spazierganges PLATZ machen. Legen Sie dabei zur Ablenkung ein Spielzeug neben ihn.

4 Üben Sie SITZ-BLEIB und legen Sie auch hierbei ein Spielzeug neben ihn. Im Anschluss an diese Übung lassen Sie ihn als Belohnung damit spielen.

5 Leinenführigkeit: Nehmen Sie Ihren Hund zwischendurch an die Leine und bleiben Sie immer stehen, wenn Ihr Hund zieht.

6 Nehmen Sie Ihren Hund nach der Hälfte des Spazierganges an die Leine machen das Leinenführspiel mit ihm. Danach darf er wieder frei laufen.

Beachten Sie: Wenn Ihr Hund an lockerer Leine neben Ihnen hergeht, loben Sie ihn ausgiebig mit freudiger und motivierender Stimme.

PLATZ mit Ablenkung – Ihr Hund muss trotz Ball ruhig liegen bleiben.

Erinnerung:

1 Vor dem Füttern werden immer eine oder mehrere Übungen gemacht.

2 Bevor Ihr Hund durch die Haustür geht, muss er immer SITZ-BLEIB oder PLATZ-BLEIB machen.

3 Machen Sie ab jetzt immer die Konzentrationsübung, wenn Fahrradfahrer, Jogger oder Kinder vorbeikommen.

4 Wenn Besuch kommt, soll Ihr Hund auf seinen Platz gehen und für ein paar Minuten dort bleiben. Vergessen Sie nicht, ihn rechtzeitig mit LAUF zu entlassen, bevor er es selber tut.

5 Wenn sie vom Gassigehen nach Hause kommen, soll Ihr Hund immer auf seinen Platz gehen und dort für einige Zeit liegen bleiben.

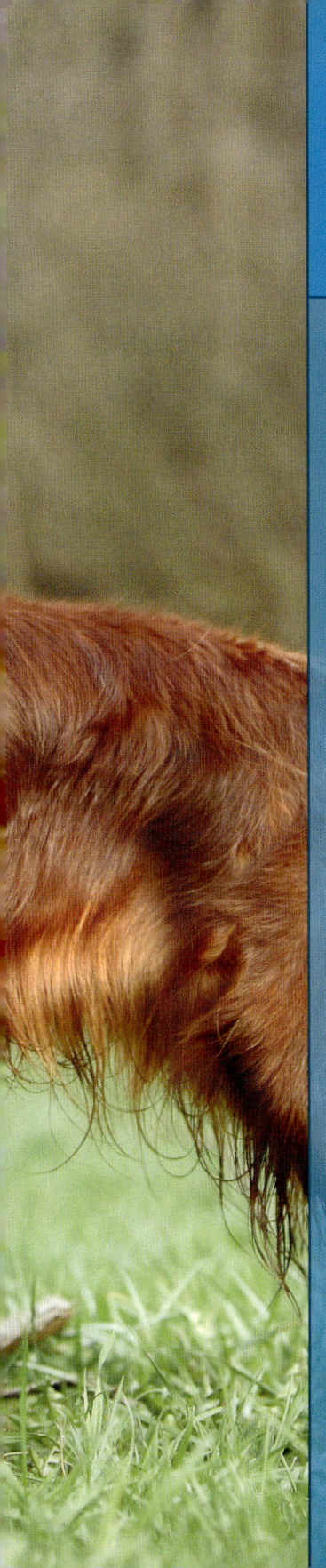

4. Woche

Das Üben mit Ihrem Hund hat bisher in gewohnter Umgebung stattgefunden: zu Hause, im Garten, auf dem täglichen Spazierweg oder dem Hundeplatz. Das war auch wichtig, denn das Kommando sollte sich erst mal in Ruhe festigen.

Es gibt Hunde, die auf dem Hundeplatz ausgezeichnet ihre Gehorsamsübungen absolvieren. Außerhalb des Platzes scheinen Sie dann alles vergessen zu haben. Da aber nicht auf der Straße, in der Fußgängerzone oder im Café geübt wurde, können sie es dort eben auch nicht. Der Hundeplatz ist eine wunderbare Grundlage – man darf nur nicht vergessen, die Kommandos genauso auch außerhalb des Platzes zu üben.

Daher gilt: Je häufiger Sie die Umgebung zum Üben wechseln, umso zuverlässiger werden die Kommandos. Machen Sie alle zwei Tage einen Erziehungsausflug!

22. Tag

Positives Feedback

Erwünschtes Verhalten bestärken, unerwünschtes Verhalten ignorieren: Ist man konsequent, kann man seinen Hund fast ausschließlich mit dieser Methode erziehen.

SITZ, PLATZ, BLEIB sind Übungen, die Sie Ihrem Hund leicht beibringen können. Aber wie sieht es mit den ganz alltäglichen Dingen aus? Spezielle Wünsche, die Sie an Ihren Hund haben, die alleine in Ihrem Alltag vorkommen? Überlegen Sie, was Ihnen wichtig ist und belohnen Sie Ihren Hund, wenn er dieses Verhalten zeigt.

Wir merken immer, wenn unser Vierbeiner Unfug macht, registrieren aber oft nicht, wenn er etwas gut macht. Belohnen Sie Ihren Hund, wenn er auf dem Spaziergang in Ihrer Nähe bleibt? Rennt er weg, bekommt er direkt Aufmerksamkeit. Wir bestärken somit unbewusst das unerwünschte Verhalten, anstatt seine Nähe zu belohnen.

Locken Sie Ihren Hund mit einem Leckerchen aus dem SITZ ins STEH – und sagen Sie dann erst das Kommando.

STEH

Beim Kommando STEH soll der Hund aus der Bewegung heraus stehen bleiben oder aus der Sitzposition die Stehposition einnehmen. STEH wird demnach auf zwei Arten geübt: Wenn Ihr Hund sitzt, halten Sie ihm ein Leckerchen vor die Nase. Dann ziehen Sie Ihre Hand langsam zurück, so dass der Hund aufsteht, aber keinen Schritt macht. Jetzt sagen Sie STEH und belohnen ihn. Dann lösen Sie das Kommando mit LAUF auf.

STEH aus der Bewegung üben Sie an einer kurzen Leine. Laufen Sie mit Ihrem Hund ein Stück, bleiben Sie dann gemeinsam stehen und sagen STEH. Passen Sie auf, dass er sich nicht hinsetzt. Loben Sie ihn, wenn er brav steht, und gehen Sie mit LAUF weiter. Sie üben STEH ohne Handzeichen. Sie können sich aber auch eines dafür ausdenken, Ihrer Phantasie sind da keine Grenzen gesetzt.

Hat Ihr Hund das STEH-Kommando verinnerlicht, können Sie STEH und BLEIB üben.

STEH kann an Stelle von SITZ genutzt werden, bevor Sie mit Ihrem Hund über die Straße gehen. Es eignet sich auch gut beim Reinigen der Pfoten. Wenn Sie mit Ihrem Hund auf Ausstellungen gehen, sollte Ihr Hund diese Position beherrschen.

Beachten Sie: Ihr Hund darf keinen Schritt zwischen den Kommandos STEH und LAUF machen. Anfangs soll er daher nur für wenige Sekunden stehen bleiben.

Tagesplan

Wiederholen Sie drei- bis fünfmal am Tag folgende Übungen in Ihrem Zuhause:

1 Üben Sie fünfmal STEH wie oben beschrieben.

2 Üben Sie fünfmal ZU MIR. Kombinieren Sie die Übung abwechselnd mit SITZ oder der Grundstellung.

3 Versuchen Sie, bei der BEI FUSS-Übung etwas schneller zu gehen. Ihr Hund soll sich Ihrem Tempo anpassen.

4 Lassen Sie Ihren Hund in verschiedenen Räumen Ihres Zuhauses PLATZ machen. Kombinieren Sie PLATZ mit einer BLEIB-Übung. Stellen Sie sich dabei neben ihn.

5 Üben Sie SITZ-BLEIB mit einiger Entfernung und steigendem Schwierigkeitsgrad!

Folgende Übungen machen Sie heute auf Ihrem Spaziergang, nehmen Sie dafür ein Spielzeug mit:

1 Gehen Sie ab und zu plötzlich in eine andere Richtung. Ihr Hund soll von sich aus merken, wenn Sie woanders langgehen.

2 Trainieren Sie mindestens zehnmal die ZU MIR-Übung. Belohnen Sie ihn mit dem Spielzeug.

3 Auch draußen können Sie nun bei der BEI FUSS-Übung etwas schneller gehen.

4 Ihr Hund soll fünfmal während des Spazierganges PLATZ machen. Lassen Sie neben ihm ein Spielzeug fallen.

STEH aus der Bewegung üben Sie am besten an der kurzen Leine. Bleiben Sie gemeinsam stehen und sagen Sie dann das Kommando STEH.

5 Achten Sie auf die Leinenführigkeit! Nehmen Sie Ihren Hund zwischendurch an die Leine und bleiben Sie immer stehen, wenn Ihr Hund zieht.

6 Nehmen Sie Ihren Hund nach der Hälfte des Spazierganges an die Leine und machen Sie das Leinenführspiel mit ihm. Danach wird er wieder abgeleint.

Beachten Sie: Beobachten Sie Ihren Hund: Macht er von sich aus Dinge, die Sie gut finden? Dann belohnen Sie ihn dafür!

23. Tag

Richtig spazieren gehen

Wenn wir mit unseren Hunden spazieren gehen, sind wir so ziemlich das Langweiligste des ganzen Spaziergangs. Für uns bedeutet der Spaziergang Entspannung: Wir hängen unseren Gedanken nach oder sind in ein Gespräch vertieft. Der Hund kann sich auf Spurensuche begeben und was ihm sonst so in den Sinn kommt. Aber eigentlich müssten Sie das Interessanteste auf dem Spaziergang sein! Der Hund sollte Sie immer in Bewusstsein haben. Hundekollegen, Kaninchen und Co. sind eine ernsthafte Konkurrenz – lassen Sie es erst gar nicht auf einen Vergleich ankommen.

Beachten Sie: Hunde haben eine andere Vorstellung von einem Spaziergang als wir. Sie wollen etwas erleben, wir wollen entspannen.

Folgendermaßen können Sie den Hund auf dem Spaziergang mehr auslasten und außerdem die Aufmerksamkeit auf sich lenken:

> Futtersuchspiele: Lassen Sie ihn Leckerchen suchen. Werfen Sie die Leckerchen am Anfang nicht sehr weit, Ihr Hund muss erst mal dieses Spiel verstehen. Mit der Zeit wird Ihr Hund immer geübter und findet auch weiter entfernte Leckerchen. Bei jagdlich ambitionierten Hunden können Sie sogar die ganze Futterration für Futtersuchspiele einsetzen.
> Spiel mit einem Futterbeutel: Kann Ihr Hund apportieren? Dann ist das Spielen mit einem Futterbeutel für ihn eine wunderbare Auslastung. Lassen Sie den Beutel unauffällig fallen oder verstecken Sie hin.
> Gehorsamsübungen: Machen Sie unterwegs ab und zu Erziehungsübungen. Hunde werden gerne beschäftigt und führen mit Eifer die Kommandos aus.
> Schau mich an: Trainieren Sie die unten beschriebene Übung.

Denken Sie immer daran: Sie sind das Wichtigste im Leben Ihres Hundes! Verstecken Sie sich einfach oder gehen Sie still in die andere Richtung. Registriert Ihr Hund das? Toll! Dann sind Sie ihm wichtig.

Ein Futterbeutel ist eine tolle Beschäftigungsmöglichkeit auf dem Spaziergang – fordern Sie Ihren Hund geistig.

Schau mich an!

Diese Übung erfordert Geduld, Aufmerksamkeit und eine gute Reaktion von Ihnen. Beherrschen Sie und Ihr Hund diese Übung, dann haben Sie etwas ganz Entscheidendes über Ihre Beziehung gelernt.

Wenn Sie heute mit Ihrem Vierbeiner spazieren gehen, beobachten Sie ihn durchgehend. Warten Sie darauf, dass Ihr Hund Sie anschaut. Tut er das, loben Sie ihn sofort (!) und er kann sich eine Futterbelohnung bei Ihnen abholen. Macht er keine Anstalten, Sie anzuschauen, ergreifen Sie die Initiative und machen ungewöhnliche Aktionen: Bleiben Sie unvermittelt stehen oder gehen Sie rückwärts. Hauptsache er schaut Sie an, ohne gerufen zu werden.

Loben Sie ihn in den nächsten Minuten immer sofort, wenn er Ihnen in die Augen schaut. Wie Sie die Übung weiter gestalten, kommt ganz auf Ihren Hund an. Diejenigen, die nur ab und zu schauen, werden dafür weiterhin immer belohnt. Diejenigen, die nicht mehr von Ihrer Seite weichen und permanent zu Ihnen hochschauen, werden nur noch ab und zu bestätigt.

Ihr Hund lernt so, seine Aufmerksamkeit auf Sie zu richten. Nur dann, wenn Sie ihn im richtigen Moment bestärken, können Sie Ihren Hund in seinem Verhalten formen. Eine sanfte und spannende Art der Erziehung. Beherrschen Sie das Clickertraining, können Sie das Anschauen auch mit einem Click bestätigen und anschließend mit einem Leckerchen belohnen.

Das sollten Sie vermeiden

Reden Sie nicht ständig mit Ihrem Hund, er kann sonst die wirklich wichtigen Anweisungen nicht mehr erkennen. Es ist die Aufgabe des Hundes, darauf zu achten, wo sein Mensch ist. Gehen Sie einfach mal in einen anderen Weg, drehen Sie um oder verstecken Sie sich hinter einen Baum um seine Aufmerksamkeit zu erhöhen. Loben Sie Ihn freudig, wenn er registriert, dass Sie woanders sind und er aufgeregt Ihre Nähe sucht. Machen Sie es ihm nicht zu einfach!

Belohnen Sie Ihren Hund, wenn er Sie auf dem Spaziergang ansieht.

> **Beachten Sie:** Nur ein Hund, der seine Aufmerksamkeit auf seinen Menschen gerichtet hat, ist überhaupt in der Lage, zu gehorchen!

Tagesplan

Wiederholen Sie drei- bis fünfmal am Tag folgende Übungen in Ihrem Zuhause:

1 Sie beginnen mit der ZU MIR-Übung, fünfmal. Kombinieren Sie die Übung abwechselnd mit SITZ oder der Grundstellung.

2 Während der BEI FUSS-Übung verlangsamen Sie Ihr Tempo. Ihr Hund soll sich anpassen.

3 Lassen Sie Ihren Hund in verschiedenen Räumen Ihres Zuhauses PLATZ machen. Kombinieren Sie PLATZ mit einer BLEIB-Übung. Gehen Sie dabei um Ihren Hund herum.

4 Üben Sie SITZ-BLEIB mit verschiedenen Ablenkungen.

5 Üben Sie STEH.

Folgende Übungen machen Sie heute auf Ihrem Spaziergang, nehmen Sie dafür ein Spielzeug mit:

1 Heute soll sich Ihr Hund seine komplette Futterration auf dem Spaziergang erarbeiten. Möglichkeiten dazu gibt es inzwischen genug, beginnen Sie mit der Anschauübung. Machen Sie zwischendurch die Erziehungsübungen. Gegen Ende des Spazier-

Für aufmerksames Anschauen gibt es ein Leckerchen.

gangs lassen Sie Ihren Hund den Rest seines Futters am Wegesrand suchen. Können Sie Veränderungen im Verhalten und Gehorsam Ihres Hundes entdecken?

2 Üben Sie mindestens zehnmal ZU MIR. Belohnen Sie das Herankommen, indem Sie das Leckerchen ein bis zwei Meter hinter sich werfen. Das ist für Ihren Vierbeiner eine kleine lustige Jagd, er wird schnell angelaufen kommen, um sich das Leckerchen zu schnappen.

3 Üben Sie dreimal BEI FUSS. Variieren Sie dabei Ihr Lauftempo, der Hund muss sich anpassen.

4 Ihr Hund soll fünfmal während des Spazierganges PLATZ machen. Lassen Sie neben ihm ein Spielzeug fallen.

5 Üben Sie SITZ-BLEIB und lassen Sie wieder neben ihm ein Spielzeug fallen. Anschließend darf er damit spielen.

6 Achten Sie auf die Leinenführigkeit! Nehmen Sie Ihren Hund zwischendurch an die Leine und bleiben Sie immer stehen, wenn sich die Leine spannt. Bauen Sie Richtungswechsel ein.

7 Nehmen Sie Ihren Hund nach der Hälfte des Spazierganges einmal an die Leine und machen Sie das Leinenführspiel mit ihm. Danach wird er wieder abgeleint.

Erinnerung:
Ignorieren sie unerwünschtes Verhalten – wenn möglich: Das klappt natürlich nicht, wenn Ihr Vierbeiner gerade dabei ist, Ihre

Lassen Sie Ihren Hund seine Leckerchen auch mal im Gras suchen – er wird mit Feuereifer dabeisein.

Lieblingsschuhe zu zerstören. Aber es gibt genug Situationen, bei denen sich das Ignorieren anbietet, zum Beispiel das Anspringen oder Betteln.

Die Vorstellung, Erziehung bedeute das sture Einüben von Kommandos, ist nicht ganz richtig. Erziehung bedeutet auch, sich in neuen und unbekannten Situationen aufeinander verlassen zu können. Dieses Vertrauen entsteht, wenn Sie viel miteinander unternehmen. Beachten Sie ihn und loben Sie Ihren Vierbeiner für alles, was er in Ihren Augen toll macht.

Beachten Sie: Ihr Hund muss ständig in Ihrem Bewusstsein sein. Er merkt sofort, wenn Sie mit den Gedanken woanders sind und macht sich dann selbstständig.

24. Tag

Bloß keine Langeweile

Die meisten Hunde sind unterfordert und gelangweilt. Fast jeder Hundehalter hat zu Hause einen Hund, dessen eigentliches Zuchtziel von uns im Alltag meist gar nicht erwünscht ist: Wir wollen nicht, dass unser Hund jagen geht oder ständig etwas hütet. Sie können aber davon ausgehen, dass Ihr Vierbeiner ohne weiteres vier bis acht Stunden am Tag arbeiten könnte und dass ihm dies auch großen Spaß und Befriedigung bringen würde. Es kann unangenehme Folgen haben, wenn Hunde nicht genug beschäftigt werden. Viele suchen sich einfach selbst eine Beschäftigung. Dass diese nicht unbedingt mit unseren menschlichen Interessen übereinstimmt, liegt auf der Hand: Dauerbellen, übertriebenes Bewachen, unkontrolliertes Hüten oder Jagen können die Folge sein. Einige Hunde entwickeln sogar Zwangsverhalten oder Stereotypien wie zum Beispiel permanentes Pfotenlecken. Wunde Pfoten sind das Ergebnis. Aber so weit muss und darf es nicht kommen. Versuchen Sie einfach, jeden Tag etwas anders zu gestalten:

> Gehen Sie öfter mal einen neuen Spazierweg.
> Lassen Sie Ihren Hund Spielsachen oder Familienmitglieder suchen.
> Wenn es ruhiger zugehen soll: Machen Sie ein Denkspiel mit Ihrem Hund.
> Wann immer es möglich ist, nehmen Sie Ihren Hund mit. Verbringen Sie ihren Alltag gemeinsam.
> Variieren Sie die Leckerchen für neue Geschmackserlebnisse.
> Wenn er mal alleine bleiben muss: Geben Sie ihm etwas zum Knabbern, zum Beispiel einen Büffelhautknochen.
> Probieren Sie das Clickertraining aus, es ist vielseitig einsetzbar.
> Erziehungsübungen lassen sich fast überall und jederzeit einbauen. Sie sind bestens dafür geeignet, das Köpfchen unseres Vierbeiners auf Trab zu halten.
> Betreiben Sie Hundesport! Dummytraining, Agility, Obedience … Da ist für jeden etwas dabei.

Beim Agility ist Ihr Hund körperlich und geistig voll gefordert.

Zeichensprache

„Der gehorcht aufs Wort!" ist mittlerweile ein feststehender Begriff für einen gut erzogenen Hund. Wie Sie bereits gelernt haben, ist es für Hunde viel schwieriger, ein gesprochenes Kommando zu lernen als ein Handzeichen. Hunde gehorchen oft auf Handzeichen besser als auf unsere Stimme, wie Sie bei der nächsten Übung feststellen können. Trotzdem ist es im Hundesport üblich, dass unsere Hunde auf das gesprochene Wort reagieren sollen. In der Begleithundeprüfung ist es beispielsweise nicht erlaubt, dem Hund mittels Handzeichen Signale zu geben.

Deshalb steht heute folgender Übungsparcours auf dem Programm: Stellen Sie sich zwei Orientierungspunkte (Stühle etc.) auf. Sie können sie nebeneinander oder mit einigen Metern Abstand aufstellen. Wenn Sie die Übung im Garten machen, können Sie auch zwei große Steine nehmen. Ihr Hund soll am ersten Punkt SITZ-BLEIB machen. Das SITZ wird mit LAUF aufgelöst. Am zweiten Punkt soll Ihr Hund dann PLATZ-BLEIB machen, welches dann wiederum aufgelöst wird.

Beim ersten Durchlauf soll der Hund ausschließlich durch Handzeichen geführt werden. Nur das LAUF wird gesprochen. Im zweiten Durchlauf geben Sie Ihrem Hund ausschließlich gesprochene Kommandos und keine Handzeichen. Das klingt vielleicht einfach, aber Sie müssen sich bei dieser Übung wirklich sehr konzentrieren. Sie sind mittlerweile daran gewöhnt, Handzeichen und gesprochenes Kommando gleichzeitig zu geben, daher muss man sich schon sehr kontrollieren, wenn man nur eine Art anwenden will.

> **Beachten Sie:** Hunde achten permanent auf die Bewegungen ihrer Menschen. Bleiben Sie eindeutig in Ihrer Körpersprache, wenn Sie Kommandos geben.

Schaut Ihr Hund Sie nicht an, können Sie ihn beim schweigenden Durchlauf mit seinem Namen ansprechen.

Üben Sie in Zukunft die Kommandos einmal mit Handzeichen und einmal nur gesprochen. Es ist nicht nur imponierend, wenn Hunde nur auf Handzeichen gehorchen. Es ist auch hundegerechter, wenn man auf die körperbetonte Kommunikation von Hunden eingeht.

Mit zwei Stühlen als Orientierungspunkte können Sie die verschiedensten Übungen leicht ausführen.

Tagesplan

Wiederholen Sie drei- bis fünfmal am Tag folgende Übungen in Ihrem Zuhause:

1 Bauen Sie den oben beschriebenen Parcours auf und führen Sie dreimal die Übung alleine mit Handzeichen, dreimal nur mit akustischen Kommandos durch.

2 Üben Sie BEI FUSS um die Stühle herum. Wählen Sie Ihren Weg so, dass der Hund mal innen und mal außen von Ihnen geht. Er soll nah an Ihrem Bein bleiben.

3 Üben Sie STEH aus der SITZ-Position heraus.

Folgende Übungen machen Sie heute auf Ihrem Spaziergang, nehmen Sie dafür ein Spielzeug mit:

1 Trainieren Sie mindestens zehnmal die ZU MIR-Übung. Üben sie das unterschiedliche Herankommen: Vorsitzen, Grundstellung und das einfache Herankommen. Rufen Sie Ihren Hund mit ZU MIR, wenn er gerade interessiert schnüffelt. Wenn er brav kommt, erhält er ein Super-Leckerchen.

2 Während der BEI FUSS-Übung variieren Sie Ihr Tempo. Ihr Hund soll immer dicht bei Ihnen bleiben.

Üben Sie an einem Stuhl PLATZ-BLEIB mit dem gesprochenen Kommando ...

3 Ihr Hund soll fünfmal während des Spazierganges PLATZ machen. Werfen Sie dabei ein Spielzeug ein Stück von ihm weg.

4 Üben Sie dreimal SITZ-BLEIB. Werfen Sie dabei ein Spielzeug in etwas Entfernung zu Ihrem Hund auf den Boden.

5 Belohnen Sie Ihren Hund, wenn er Sie während des Spazierganges anschaut.

6 Machen Sie zwischendurch mit Ihm Futtersuchspiele.

7 Achten Sie auf die Leinenführigkeit: Nehmen Sie Ihren Hund zwischendurch an die Leine und bleiben Sie stehen, wenn er zieht.

8 Nehmen Sie Ihren Hund nach der Hälfte des Spazierganges kurzzeitig an die Leine machen Sie das Leinenführspiel mit ihm.

... am anderen Stuhl SITZ-BLEIB nur mit Handzeichen.

Achten Sie darauf, welche Geräusche oder Dinge Ihren Hund ablenken. Jeder Hund reagiert anders auf Ablenkungen. Ein Spielzeug, ein Hase oder andere Hunde: Der Eine bleibt gelassen, beim Anderen ist kein Halten mehr. Je sensibler und sorgfältiger Sie Ihren Hund an seine spezielle Ablenkung gewöhnen, umso erfolgreicher verläuft die Erziehung.

Um eine Ablenkung klein zu halten, sollten Sie die Kommandos zunächst mit so viel Abstand wie möglich üben. Lässt Ihr Hund sich etwa von anderen Hunden stark ablenken, dann üben Sie die Kommandos, wenn ein Hund nur in der Ferne zu sehen ist. Spazieren Sie mit ihm durch übersichtliches Gelände. Taucht weit entfernt ein Hund auf, dann üben Sie jetzt mit ihm die Kommandos. Verringern Sie Tag für Tag etwas den Abstand. Gehen Sie nicht zu schnell vor, nehmen Sie sich lieber viel Zeit, um den Hund an seine spezielle Ablenkung zu gewöhnen. Wenden Sie nur die Kommandos an, bei denen Sie sich sicher sind, dass der Hund sie befolgen kann. Sonst lernt er in diesem Moment nur das Nichtbefolgen.

Beachten Sie: Je stärker die Ablenkung, umso niedriger wählen Sie die Anforderung. Je niedriger die Ablenkung, umso schwieriger darf die Übung sein.

25. Tag

Der tut nix!

„Die Freiheit des einen endet bei der Freiheit des anderen", heißt es. Auch wenn es eine Freude ist, Ihren Hund frei und wild durch die Gegend toben zu sehen – er darf dabei niemanden ängstigen oder belästigen. Viele Menschen haben Angst vor Hunden, das müssen wir akzeptieren.

Läuft Ihr Hund Joggern oder Fahrrädern hinterher, müssen Sie ihn frühzeitig heranrufen. Besonders bei Kindern müssen wir sehr gut aufpassen, da Hunde und Kinder immer unberechenbar reagieren können.

Es gibt auch Hunde, die keinen Kontakt zu fremden Artgenossen wünschen. Auch da sollte man als verantwortungsvoller Hundebesitzer darauf achten, dass der eigene Hund den anderen Vierbeiner nicht bedrängt. Generell gilt: Ist ein anderer Hund an der Leine, müssen wir unseren Hund auch anleinen, bzw. so kontrollieren, dass er nicht zu dem anderen Hund hinläuft.

Nehmen Sie Ihren Hund an die Leine oder lassen Sie ihn BEI FUSS laufen, wenn Ihnen Spaziergänger entgegenkommen.

Pardon …

Sollte Ihr Hund sich doch einmal daneben benehmen, entschuldigen Sie sich freundlich. Bleiben Sie ruhig und sachlich, bieten Sie bei verschmutzter Kleidung eine Reinigung auf ihre Kosten an. Wir Hundebesitzer müssen an unserem Image arbeiten, und jeder von uns kann da seinen Beitrag leisten.

Das größte Ärgernis ist und bleibt der Hundekot am Schuh. Hundekot auf Gehwegen, Spielplätzen oder landwirtschaftlichen Nutzflächen sollte tabu sein und gegebenenfalls entfernt werden.

Das sollten Sie vermeiden

Ihr Hund darf nicht einfach auf Kinder oder Erwachsene zugehen, um zu schnuppern oder diese sogar anzuspringen. Es sei denn, es wird ausdrücklich gewünscht – das Schnuppern, nicht das Anspringen. Eine Begegnung mit einem Hund kann für Kinder eine beglückende Erfahrung sein und sollte gefördert werden, da viele Kinder nur wenig Bekanntschaft mit Hunden haben. Ängstlicher und unsicherer Umgang mit dem Hund, dem unbekannten Wesen, sind dann vorprogrammiert. Ängstliche Menschen wiederum verhalten sich aus Sicht der Hunde merkwürdig, wodurch diese ebenfalls verunsichert werden und zu bellen beginnen. Ein Teufelskreis.

Beachten Sie: Menschen, die Angst vor Hunden haben, sollten Hunden nicht in die Augen schauen. Besser, sie ignorieren den Vierbeiner einfach.

Tagesplan

Wiederholen Sie drei- bis fünfmal am Tag folgende Übungen in Ihrem Zuhause:

1 Üben Sie fünfmal ZU MIR. Kombinieren Sie die Übung abwechselnd mit SITZ oder der Grundstellung. Aus der Grundstellung heraus gehen Sie einige Schritte BEI FUSS. Laufen Sie dabei durch Ihr ganzes Zuhause, mit Wendungen und Tempowechseln.

2 Lassen Sie Ihren Hund in verschiedenen Räumen Ihres Zuhauses PLATZ machen. Kombinieren Sie PLATZ mit einer BLEIB-Übung. Lenken Sie dabei Ihren Hund ab, indem Sie ein Leckerchen auf den Boden legen. Korrigieren Sie ihn mit NEIN, wenn er es nehmen möchte.

3 Üben Sie SITZ-BLEIB. Auch hier lenken Sie ihn mit einem Leckerchen auf dem Boden ab.

4 Üben Sie STEH, drehen Sie sich einmal dabei um.

Auch bei Begegnungen mit angeleinten Hunden nehmen Sie Ihren Hund am besten an die Leine. Sprechen Sie sich andernfalls mit dem anderen Besitzer ab.

Folgende Übungen machen Sie heute auf Ihrem Spaziergang. Alle Übungen können Sie mittlerweile auch mit größer werdenden Ablenkungen, zum Beispiel Hunden in der Nähe, durchführen:

1 Üben Sie mindestens zehnmal ZU MIR. Variieren Sie das Herankommen: Vor-sitzen, Grundstellung oder einfaches Heran-kommen.

2 Spielen Sie mit Ihrem Hund. Verlangen Sie in einem etwas ruhigeren Moment SITZ oder PLATZ. Spielen Sie danach fröhlich weiter und wiederholen Sie die Übungen noch dreimal.

3 Belohnen Sie Ihren Hund, wenn er Sie anschaut. Machen Sie zwischendurch Futtersuchspiele.

4 Um SITZ aus der Bewegung heraus zu üben, nehmen Sie Ihren Hund an die Leine und laufen zügig los. Dann wenden Sie sich ihm abrupt zu und sagen laut SITZ mit dem dazugehörenden Handzeichen. Setzt Ihr Hund sich nicht sofort an Ort und Stelle, geben Sie das Kommando strenger. Wieder-holen Sie die Übung fünfmal.

5 Achten Sie weiterhin mit aller Stur-heit und Konsequenz auf die Leinen-führigkeit.

26. Tag

Jagen unterbinden

Die meisten Hunde haben eine mehr oder weniger große Leidenschaft für das Jagen. Dies gehört zum normalen Hundeverhalten und ist bei Jagdhunderassen, die wegen ihrer Schönheit sehr beliebt sind, naturgemäß besonders stark ausgeprägt. Das Jagen beginnt mit dem Erschnüffeln oder dem Fixieren der Beute, dann wird gehetzt und letztendlich gepackt und getötet.

Ein erfolgreicher Abruf ist meist nur in der Phase des Schnüffelns und Fixierens möglich. Es ist fast unmöglich, einen hetzenden Hund wieder unter Kontrolle zu bekommen. Er ist dann wie im Rausch.

Überprüfen Sie Ihre Gassi-Gewohnheiten: Bei einem jagdlich interessierten

Beachten Sie: Ermöglichen Sie Ihrem Hund so wenige Jagderfolge wie möglich. Gehen Sie vorrausschauend spazieren.

Hund kann man nicht verträumt seines Weges gehen. Versuchen Sie, Wild vor Ihrem Hund zu entdecken. Sie müssen Ihren Hund ständig im Blick haben und sofort reagieren, sobald er Anstalten macht zu jagen. Kommt Ihr Hund, wird er fürstlich belohnt. Eine handvoll Fleischwurst, ein Töpfchen Nassfutter – lassen Sie sich etwas einfallen! Sie müssen mit einem sehr starken Glücksgefühl des Hundes konkurrieren. Man spricht vom selbstbelohnenden Effekt: Dabei werden Glückshormone ausgeschüttet. Ist der Hund einmal in den Genuss gekommen, steigt das Verlangen nach diesem Gefühl. Es macht süchtig. Deshalb muss jegliches Jagen von Anfang an unterbunden werden.

Haben Sie bereits ein Jagdproblem, sollten Sie die Übungen dieses Buches sehr gut beherrschen und vor allem das Kapitel „Richtig spazieren gehen" mit allen Facetten beherzigen. Auch ein Langleinentraining kann helfen (10. Tag). Außerdem bekommen jagdlich orientierte Hunde ihr Futter ausschließlich unterwegs: bei Erziehungsübungen, bei Futtersuchspielen oder beim Apportieren des Futterbeutels. Versuchen Sie aber nicht zu lange alleine dem Problem Herr werden zu wollen. Stellt sich nicht bald eine erkennbare Verbesserung ein, sollten Sie eine Hundeschule aufsuchen und sich professionell beraten lassen.

Steht Ihr Hund noch vor, haben Sie eine gute Chance, ihn erfolgreich abzurufen.

Futterbeuteltraining

Ein Futterbeutel ist ein befüllbarer Apportiersack, ähnlich einem Federmäppchen. Selbst apportierfaule Hunde lieben diesen duftenden, fliehenden Beutel. Das Bringen des Futterbeutels wird abschließend mit ein paar Brocken belohnt, die direkt aus dem Säckchen gefüttert werden. Das schafft ein befriedigendes Jagdgefühl und bietet jagdfreudigen Hunden eine Ersatzbefriedigung.

Beim schrittweisen Aufbau des Futterbeuteltrainings beginnen Sie mit dem Kommando AUS (27. Tag). Wenn dieses Kommando gut klappt, können Sie den Beutel ein kleines Stück weit werfen. Apportiert der Hund den Beutel, bekommt er etwas daraus zu naschen. Steigern Sie nach und nach die Wurfweite oder verstecken Sie den Beutel.

Das sollten Sie vermeiden

> Hunde gewöhnen sich das Jagen vor allem in ihrer Jugendzeit an. Beobachten Sie Ihren jungen Hund genau und ergreifen Sie sofort Maßnahmen, sobald er jagdliche Aktivitäten zeigt.
> Gehen Sie nicht mit anderen Hunden spazieren, die gerne jagen und Ihren Hund dadurch auf den Geschmack bringen.
> Meiden Sie wildreiches Gebiet.
> Bestrafen Sie nie Ihren Hund – auch, wenn das Herankommen gedauert hat.
> Belohnen Sie jedes Kommen, auch das nach der Jagd. Sie belohnen dadurch das Zurückkommen und nicht die Jagd an sich. So kommt Ihr Hund auch nach einer Jagd immer wieder.

Tagesplan

Wiederholen Sie drei- bis fünfmal am Tag folgende Übungen in Ihrem Zuhause:

1 Üben Sie fünfmal ZU MIR. Kombinieren Sie die Übung abwechselnd mit SITZ oder der Grundstellung. Aus der Grundstellung heraus gehen Sie einige Runden BEI FUSS.

2 Lassen Sie Ihren Hund in verschiedenen Räumen Ihres Zuhauses PLATZ machen. Kombinieren Sie PLATZ mit einer BLEIB-Übung. Lenken Sie dabei Ihren Hund leicht ab, zum Beispiel durch Händeklatschen oder Armeschlenkern. Belohnen nicht vergessen!

3 Üben Sie SITZ-BLEIB. Werfen Sie als Ablenkungsmanöver ein Leckerchen auf den Boden.

4 Üben Sie STEH, gehen Sie dabei einen Schritt zurück.

Folgende Übungen machen Sie heute auf Ihrem Spaziergang:

1 Trainieren Sie mindestens zehnmal ZU MIR. Üben sie das unterschiedliche Herankommen: Vorsitzen, Grundstellung oder einfaches Herankommen.

2 Üben Sie dreimal SITZ-BLEIB mit mehreren Metern Entfernung. Verstecken Sie sich zusätzlich hinter einem Baum.

3 Heute ist PLATZ aus der Bewegung dran. Nehmen Sie Ihren Hund dazu an die Leine, laufen Sie zügig los. Dann wenden Sie sich ihm abrupt zu und sagen laut PLATZ mit dem dazugehörenden Handzeichen. Legt Ihr Hund sich nicht sofort hin, wiederholen Sie das Kommando strenger. Üben Sie PLATZ aus der Bewegung fünfmal.

27. Tag

Der Hund in Paragraphen

Man ist erstaunt, wie viele Gesetze mittlerweile das Zusammenleben mit unseren Hunden regeln. Hier ein kleiner Überblick über die vielfältigen Gesetze für den Hundehalter.

In der Tierschutz-Hundeverordnung wird das Halten und Züchten geregelt: Wie groß muss der Zwinger sein, wie oft braucht er Umgang mit Betreuungspersonen usw. In der Straßenverkehrsordnung ist der Umgang von Hunden im Straßenverkehr und im Auto geregelt: Er muss an der Leine von einer

> **Beachten Sie:** Dass die Sachkenntnis der Besitzer steigt, ist begrüßenswert. Dass Hunde in Ihrer Bewegungsfreiheit eingeschränkt werden, ist bedenklich.

geeigneten Person geführt werden und ist im Auto so zu sichern, dass er nicht die Verkehrssicherheit des Fahrzeuges beeinträchtigen kann. Die Tierhalterhaftung tritt ein, wenn der Hund Schäden verursacht. Der Hundehalter kann zudem gegen das Ordnungswidrigkeitsgesetz oder das Strafgesetzbuch verstoßen. Das Bundesjagd- und Bundeswaldgesetz regelt das Führen von Hunden in der Natur. So haben die einzelnen Länder unterschiedliche Bestimmungen, unter welchen Umständen ein wildernder Hund von einem Jagdpächter erschossen werden darf. Auch regelt dieses Gesetz, ob man seine Hunde in der Natur frei laufen lassen darf oder nicht. Die einzelnen Landeshundegesetze (auch Hundehalterverordnungen, Hundeverordnungen oder Gesetz zum Schutz der Bevölkerung vor gefährlichen Hunden) regeln in den einzelnen Bundesländern gewisse Pflichten, Regeln und das Halten von sogenannten „Listenhunden", umgangssprachlich auch „Kampfhunde" genannt. In diesen Verordnungen steht, ob Sie eine Sachkundeprüfung oder einen Wesenstest machen müssen und ob Ihr Hund mit einem Mikrochip kennzeichnet sein muss. Ihr Ordnungsamt gibt Ihnen dazu Auskunft. Länderübergreifend einheitlich ist nur, dass Sie für Ihren Hund Steuern zahlen müssen.

Die Straßenverkehrsordnung regelt, wie Hunde im Straßenverkehr zu führen sind.

AUS

Einige Hunde neigen dazu, Spielzeug, dass sie im Maul haben, nicht mehr herzugeben. Versuche, diese Vierbeiner einzufangen, scheitern ebenfalls kläglich. Lassen Sie sich nie auf einen Wettstreit ein! Es gibt immer einen alternativen Weg, der für alle Beteiligten viel angenehmer (und effektiver) ist. Nehmen Sie Ihrem Hund nicht einfach etwas weg – tauschen Sie es ein! Das Tauschobjekt sollte natürlich attraktiver sein als das Spielzeug, das der Hund gerade nicht hergeben möchte.

Um das Kommando AUS zu lernen, machen Sie folgende Übung:

Geben Sie Ihrem Hund ein Spielzeug, welches Sie gut festhalten können (zum Beispiel ein Ball mit Schnur). Nach einem kleinen Zerrspiel halten Sie Ihrem Hund ein Superleckerchen vor die Nase. In dem Moment, in dem er sein Maul öffnet, sagen Sie deutlich AUS und belohnen ihn dann. Wiederholen Sie das mehrmals.

Das sollten Sie beachten

> Haben Sie Geduld! Ziehen Sie Ihrem Hund den Ball nicht aus dem Maul, bevor er ihn freiwillig loslässt.
> Achten Sie darauf, genau dann AUS zu sagen, wenn er das Maul öffnet, um den Ball fallen zu lassen.

Zerrspiele sind tolle Spiele für Hunde, trotzdem wird oft davon abgeraten. Dabei gibt es keinen wirklichen Grund, der gegen Zerrspiele spricht. Es ist auch völlig in Ordnung, wenn Ihr Hund bei diesem Spiel ab und zu gewinnt. Es sollten nur gewisse Regeln eingehalten werden: Ist Ihr Hund zu ungestüm oder berührt Sie schmerzhaft, wird das Spiel

> **Beachten Sie:** Ist dieses Kommando gut trainiert, können Sie Ihren Hund damit auch zur Abgabe von unerwünschten Gegenständen bewegen.

sofort abgebrochen. Übt man das von Anfang an mit Welpen, ist es faszinierend, wie geschickt und sanft Hunde mit Ihrem doch sehr imposanten Gebiss umgehen können. Auch darf sich der Hund das Spielzeug nicht einfach so nehmen oder sogar an Ihnen hochspringen, um es zu packen. Dann wird mit einem energischen NEIN interveniert, das Spielzeug kommt weg und der Hund wird eine kurze Zeit ignoriert. Nur wenn Sie es mit NIMM freigeben, geht das Spiel weiter.

Üben Sie das Kommando AUS, indem Sie ein Tauschgeschäft mit Ihrem Hund machen – Ihr Tauschobjekt muss einfach besser sein als das, was Ihr Hund gerade besitzt.

Tagesplan

Wiederholen Sie drei- bis fünfmal am Tag folgende Übungen in Ihrem Zuhause:

1 Üben Sie fünfmal ZU MIR mit SITZ oder der Grundstellung. Aus der Grundstellung heraus machen Sie eine Runde durch Ihr Zuhause BEI FUSS.

2 Nehmen Sie Ihren Hund an die Leine. Verlangen Sie SITZ oder PLATZ. Wenn Ihr Hund aufstehen will, korrigieren Sie ihn sofort mit NEIN. Entlassen Sie ihn mit LAUF aus der Übung.

3 Üben Sie STEH-BLEIB mit zwei Schritten Entfernung.

4 Spielen Sie mit Ihrem Hund und üben Sie dabei AUS wie oben beschrieben.

Folgende Übungen machen Sie heute auf Ihrem Spaziergang:

1 Üben Sie mindestens zehnmal ZU MIR. Variieren Sie das unterschiedliche Herankommen: Vorsitzen, Grundstellung. Das einfache Herankommen sollte am häufigsten geübt werden.

2 Ihr Hund soll fünfmal während des Spazierganges PLATZ machen. Versuchen Sie auch hier, nach und nach die Hilfen abzubauen.

Für ein tolles Leckerchen ...

3 Üben Sie SITZ-BLEIB, während Sie sich entfernen, verstecken oder etwas anderes Ungewöhnliches machen.

4 Belohnen Sie Ihren Hund, wenn er Sie beim Spaziergang anschaut.

5 Machen Sie zwischendurch mit Ihm Futtersuchspiele.

6 Beachten Sie die Leinenführigkeit. Sie bestimmen Tempo und Richtung.

... tauscht Ihr Hund sicher gerne sein Spielzeug ein.

Vergessen Sie Rex

Freuen Sie sich über die Fortschritte, die sie gemeinsam machen. Machen Sie sich aber bewusst, dass ein Hund für einen bombenfesten Gehorsam häufige Wiederholungen über einige Monate hinweg benötigt. Dies wird deutlich am Beispiel von Rettungshunden, die im besten Alter und vollständig ausgebildet trotzdem regelmäßig trainieren müssen, um voll einsatzfähig zu bleiben.

Viele Besitzer überschätzen sich und Ihren Hund. Sie wundern sich, dass etwas nicht gelingt und entschuldigen es damit, dass Ihr Hund einen schlechten Tag hat. Tun Sie das nicht! Damit würden Sie es sich zu einfach machen und die Ursache keinesfalls herausfinden. Analysieren Sie lieber die Situation: ungewohnte Umgebung, ungewohnter Untergrund, zu starke Ablenkung? Überdenken Sie den Kommandoaufbau: in kleinen Schritten gesteigert, in welchem Kontext geübt, welche Hilfen waren bisher nötig, welche Lockbewegungen wurden gemacht, waren die Kommandos häufig fehlerhaft? Sicherlich wird irgendwo ein Fehler im Aufbau sein.

Bleiben Sie lieber mit den Anforderungen unter dem Können Ihres Hundes und schätzen Sie seinen Gehorsam realistisch ein. Erfahrungsgemäß liegt dieser weit unter unseren Einschätzungen. Gründe dafür sind sicherlich das Bild, welches wir vom Hund im Allgemeinen haben und das uns durch die Medien vermittelt wird: Der Hund als selbständig denkender, helfender und mutiger Begleiter seines Menschen. Unsere Hunde sind wunderbar – aber sicherlich nicht wie Lassie, Hutch oder Rex.

Beachten Sie: Hunde unterscheiden nicht zwischen gut und böse, haben keine Moralvorstellung, wissen nicht von sich aus, was richtig und was falsch ist.

28. Tag

Rasseunterschiede

Es ist erstaunlich, wie groß die Unterschiede nicht nur im Aussehen, sondern auch im Charakter zwischen den verschiedenen Hunderassen sind. Wandert man durch eine Hundeausstellung, ist schon der unterschiedliche Lärmpegel frappierend.

Es ist wichtig, bei der Erziehung eines Hundes dessen Rasseeigenschaften im Blick zu haben und entsprechend zu berücksichtigen. Auch ein Mischling kann in vielen Fällen charakterlich einer Rasse zugeordnet werden. Rassehunde wurden oft sorgsam auf spezielle Eigenschaften zum Arbeitseinsatz gezüchtet. Bei Familienhunden sind diese Eigenschaften aber selten erwünscht, was dann zu Problemen führen kann. Jagen oder aggressives Verteidigen ist sicherlich kein erwünschtes Verhalten eines Familienhunds, war aber bei vielen Hunden Zuchtziel.

Weiß man um die Besonderheiten seines Hundes, muss man diese frühzeitig in die richtigen Bahnen leiten. So kann aus einem Hund mit problematischer Anlage ein durchaus liebenswerter Familienhund werden.

Rassehunde sind nicht nur körperlich, sondern auch charakterlich völlig unterschiedlich.

Belohnung 2

Verändern Sie nun Ihr Belohnungs-
verhalten vom „Futterautomat" zum
„einarmigen Banditen"! Bisher hatten
Sie die Anweisung, Ihren Hund sehr
zuverlässig und durchgehend zu belohnen. Sie waren sozusagen der Futterautomat: Jedes Mal, wenn Geld einge-
worfen wurde, spendete er zuverlässig
das Futter – jedes Mal, wenn Ihr Hund
ein Kommando richtig befolgte, bekam
er von Ihnen ein Leckerchen. Bleiben
Sie auch die nächsten zwei Monate mit
der Futterbelohnung konstant. Erst,
wenn eine Übung wirklich sitzt, können
Sie auch mal eine Belohnung ausfallen
lassen. Werden Sie nun langsam zum
Spielautomaten: Geben Sie nur ab und
zu eine Belohnung und vergessen Sie
nicht, dass es bei besonders gutem
Gehorsam einen Jackpot geben kann.

Das sollten Sie beachten

Es gibt Menschen, die lehnen Futterbelohnung ab. Sie empfinden es als lästig,
ständig Leckerchen dabei haben müssen oder meinen, ihr Hund müsse auch
ohne Belohnung gehorchen. Sind das
wirklich Gründe, um auf das Belohnen
mit Leckerchen zu verzichten? Bedenken Sie: Wir gehen doch auch nicht
arbeiten, um ein Lob unseres Chefs zu
bekommen, sondern um Geld zu verdienen – das ist unsere Belohnung.

> **Beachten Sie:** Ja, es gibt
> Hunde, die ohne Leckerchen
> lernen. Die meisten Hunde be-
> nötigen aber für einen guten
> Lernerfolg eine Futterbestätigung.

Tagesplan

Zur Erinnerung:
> Vor dem Füttern werden immer eine oder mehrere Übungen gemacht.
> Bevor Ihr Hund durch die Haustür geht, muss er immer SITZ oder PLATZ und danach BLEIB machen.
> Machen Sie ab jetzt immer die Konzentrations-übung oder Ihr Hund geht BEI FUSS, wenn ein Fahrradfahrer, Jogger oder Kinder vorbeikommen.
> Ihr Hund soll immer auf seinen Platz gehen und für eine gewisse Zeit dort bleiben, wenn Besuch kommt und wenn Sie vom Gassigehen nach Hause kommen.
> Belohnen Sie Ihren Hund immer für erwünschtes Verhalten mit Ansprache, Streicheln oder Leckerchen.
> Üben Sie alle gelernten Kommandos in unter-schiedlichen Situationen, um sie zu festigen.
> Behalten Sie ihren Hund auf dem Spaziergang im Bewusstsein. Gestalten Sie den Spaziergang so interessant, dass auch Sie im Bewusstsein Ihres Hundes bleiben.
> Bestimmen Sie Tempo und Richtung an der Leine.
> Haben Sie Spaß mit Ihrem Hund beim Toben, Spielen, Üben und Schmusen.
> Seien Sie auf sich und Ihren Hund stolz, dass Sie etwas geschafft haben!

Toll, Sie haben es geschafft! In den letzten vier Wochen wurde ein Grundstein gelegt. Um das Gelernte
zu festigen, üben Sie weiter täglich mit Ihrem Hund.
Das muss nicht viermal am Tag sein, aber eine
kleine Übungseinheit vor dem Fressen sollten Sie in
der nächsten Zeit beibehalten.

Am allerwichtigsten sind die Regeln für den Rückruf. Diesen sollten Sie auf jedem Spaziergang immer
wieder üben und ab und zu mit einem Superleckerchen belohnen.

Zum Abschluss finden Sie eine Liste von Kommandos, die Sie in Ihrem Alltag ständig gebrauchen
können.

Service

Wichtige Begriffe

Abbruchsignal: Ein Abbruchsignal dient dazu, den Hund in einem unerwünschten Verhalten sofort zu unterbrechen. Zum Beispiel wenn er Dinge aufnimmt, die er nicht soll. Nachdem der Hund das Kommando verstanden und gelernt hat, wird es beim Befolgen immer sehr gut belohnt., da den Ekligkeiten am Wegesrand ein starker Reiz entgegengesetzt werden muss (siehe 7. Tag).

BEI FUSS: Der Hund befindet sich auf der linken Seite seines Menschen auf Kniehöhe – egal, ob dieser steht oder geht. Er klebt förmlich am Hundeführer und soll alle Wendungen und Tempowechsel mitmachen.

Belohnung: „Belohnung" bedeutet in diesem Buch immer ein Leckerchen und ein aufmunterndes Wort. Grundsätzlich kann aber alles, was der Hund gut findet, als Belohnung genommen werden. Das Ableinen ist für viele Hunde toll und sie sind gerne bereit, davor eine Übung zu machen. Es kann aber auch ein Spiel, der Gang durch einen Hundetunnel, das Öffnen der Tür und vieles mehr als Belohnung genommen werden.

Beschwichtigungssignale: Die Beschwichtigungssignale, auch „Calming signals" genannt, dienen in der Hundekommunikation dazu, dem Gegenüber zu signalisieren, dass man selbst ungefährlich ist. Sie sind äußerst subtil und werden von Menschen häufig übersehen oder fehlinterpretiert (siehe 8. Tag: Kann mein Hund mit mir sprechen?).

Clickertraining: Der Clicker ist eine Art Knackfrosch, auf den ein Hund positiv konditioniert (→ Konditionierung) wird. Der Hund lernt, dass das Knackgeräusch die Bestätigung für ein richtiges Verhalten ist. Gleichzeitig ist es ein Versprechen für eine Belohnung, die aber zeitlich leicht versetzt folgen kann. Man kann mit dieser Methode sehr viel exakter und schneller belohnen als mit Leckerchen alleine. Kommandos, die auf Entfernung eingeübt werden, können zum Beispiel in dem Moment durch den „Click" belohnt werden, in dem der Hund sie ausführt – nicht erst, wenn man wieder bei ihm angekommen ist und er schon gar nicht mehr weiß, wofür er belohnt wird. Da diese Methode ausschließlich über Belohnung funktioniert, haben sehr viele Hunde großen Spaß am Clickern.

Grundstellung: Der Hund sitzt ganz dicht an der linken Seite des Menschen. Es ist wichtig, dass der Hund dabei parallel zur Blickrichtung des Menschen sitzt.

Handzeichen: Jedem Kommando kann ein Handzeichen zugeordnet werden. Ob man eigene oder in Erziehungsratgebern vorgeschlagene verwendet, ist jedem selbst überlassen. Hunde kommunizieren vor allem über Körpersprache und deshalb fällt es ihnen leicht, auf Handzeichen zu reagieren.

Hilfsmittel: Jedes Hilfsmittel ist nur so gut wie seine Benutzer. Verlassen Sie sich also nie auf ein Hilfsmittel allein als „Zaubermittel". Richtig angewandt können sie helfen – falsch angewandt können sie jedoch auch schaden. Hilfsmittel wie Haltis, Wurfketten, Trainigsdiscs oder Sprüh- und Antibellhalsbänder sollten Sie nur unter fachlicher Anleitung benutzen. Jegliche Starkzwangmaßnahmen sind abzulehnen, wie etwa Stachel- oder Elektroschock-Halsbänder.

Konditionierung: Ein zunächst neutraler Reiz wird durch den Konditionierungsvorgang mit Bedeutung belegt. Weniger abstrakt formuliert bedeutet das: Man hat festgestellt, dass viele Lebewesen zum Beispiel ein Geräusch, dass ihnen vorher egal war, auf einmal gut fanden, wenn man es mit Futter kombiniert hat. Der russische Forscher Pawlow fand dies an Versuchen mit Hunden heraus. Er läutete immer zur Fressenszeit eine Glocke (neutraler Reiz) und dann bekamen die Hunde ihr Futter (positiver Reiz). Die Hunde verknüpften dieses Glockenläuten mit dem Futter und begannen schon zu Speicheln, wenn sie nur die Glocke hörten – egal ob Futter in der Nähe war oder nicht. Der neutrale Reiz war als positiver Reiz konditioniert worden. Mit einem für das Tier negativen Reiz kann dieser natürlich auch negativ konditioniert werden.

Langleine: Die Langleine besteht meistens aus Gurtmaterial und ist zwischen 5 und 20 Metern lang. Sie wird auch Schleppleine genannt, da Sie über den Boden hinterher gezogen wird. Sie ist ein ausgezeichnetes Hilfsmittel bei unerzogenen, jagenden oder pubertierenden Hunden.

Löschen: Ein Verhalten wird gelöscht, wenn es weder positive noch negative Aufmerksamkeit erringen kann. Durch Ignorieren kann man also manche Unart „löschen". Wichtig ist dabei, dass man dem Hund wirklich keinerlei Aufmerksamkeit schenkt: Weder Anfassen, noch Ansprechen, noch Angucken! Und auch Schimpfen bedeutet Aufmerksamkeit (siehe 12. Tag).

Positive Bestärkung: Das ist nun also die umgekehrte Methode. Der Hund soll über den Erfolg mit Belohnung lernen. Wenn ich ein bestimmtes Verhalten häufiger von meinem Hund sehen will, sollte ich es also so häufig wie möglich belohnen – egal, ob es von selbst auftritt oder ob ich es dem Hund abverlange. Wird ein Verhalten positiv bestärkt, erhöht sich die Wahrscheinlichkeit, dass es öfter gezeigt wird. Denken Sie immer daran, Ihren Hund ab und zu für ein bestimmtes Verhalten positiv zu bestärken, damit das Verhalten nicht gelöscht wird (→ Löschen).

Stimmsignal: Das Stimmsignal ist das gesprochene Kommando wie etwa SITZ, PLATZ oder BLEIB. Es sollte immer möglicht neutral und deutlich ausgesprochen werden.

Strafe: Strafe muss immer dem Verhalten angemessen sein muss. Sie muss außerdem zeitgenau, also genau in dem Moment der Tat, erfolgen. Den Hund erschrecken: Lautes Rufen, in die Hände klatschen, ein schepperndes Geräusch zu machen, dass eignet sich dazu am besten. Bedenken Sie aber: Hunde lernen über das Belohnen von positivem Verhalten viel schneller und lieber.

Vorsitzen: Der Hund sitzt möglicht nah vor seinem Besitzer und schaut zu ihm auf.

Zum Weiterlesen

> Calmbacher, E., **Agility.** Ulmer, 2008

> Del Amo, C., **Welpenschule.** 3. A.
  Ulmer, 2010

> Del Amo, C., **Probleme mit dem
  Hund.** 3. A. Ulmer, 2007

> Del Amo, C., **Spiel- und Spaßschule
  für Hunde.** 2. A. Ulmer, 2008

> Del Amo, C., **Dogdance.**
  Ulmer, 2009

> Del Amo, C., Jones-Baade, R.,
  Mahnke, K., **Der Hundeführerschein.**
  Ulmer, 2009

> Fisher, S., **Anti-Stress-Programm für
  Hunde.** Ulmer, 2009

> Hause, B., Fieseler, A., **Nasenarbeit.**
  Ulmer, 2010

> Hesel, L., **Apportierspiele.** Ulmer,
  2009

> Schmidt-Röger, H., **Das große Ulmer
  Hundebuch.** Ulmer, 2008

> Schmidt-Röger, H., **Mein kleiner
  Hund.** Ulmer, 2009

> Sundance, K., **101 Hundetricks.**
  Ulmer 2009

> Sundance, K., **51 Tricks für junge
  Hunde.** Ulmer 2010

> Taylor, D., **Mein Hund ist ein Genie!**
  Ulmer, 2008

Klicks im WWW

> Tierregistrierung
  www.deutsches-haustierregister.de
  www.tiernotruf.org
  www.tierregistrierung.de

> Hundeerziehung
  www.hundeschulen.de
  www.ig-hundeschulen.de

> Gesundheit
  www.tieraerzteverband.de
  www.giftpflanzen.ch

Hinweis: Der Eugen Ulmer Verlag ist
nicht für den Inhalt von Links verantwortlich.

Bildquellen

Alle Fotos stammen von Heike Schmidt-
Röger.

Dank

Ich bedanke mich für die Unterstützung
bei Natasha Compes, Marita Beunink,
Adina Lietz, Antje Springorum und
für die wunderbaren Fotos bei Heike
Schmidt-Röger.

Register

Bibliografische Information der Deutschen Nationalbibliothek
Die Deutsche Nationalbibliothek verzeichnet diese Publikation in der Deutschen Nationalbibliografie; detaillierte bibliografische Daten sind im Internet über http://dnb.d-nb.de abrufbar.

Das Werk einschließlich aller seiner Teile ist urheberrechtlich geschützt. Jede Verwertung außerhalb der engen Grenzen des Urheberrechtsgesetzes ist ohne Zustimmung des Verlages unzulässig und strafbar. Das gilt insbesondere für Vervielfältigungen, Übersetzungen, Mikroverfilmungen und die Einspeicherung und Verarbeitung in elektronischen Systemen.

© 2010 Eugen Ulmer KG
Wollgrasweg 41
70599 Stuttgart (Hohenheim)
E-Mail: info@ulmer.de
Internet: www.ulmer.de

Lektorat: Adina Lietz, Antje Springorum
Herstellung: Ulla Stammel
Umschlagentwurf: Christina Schaal, Reutlingen
Innenlayout und Satz: Christina Schaal, Reutlingen
Repro: Timeray Visualisierungen, Herrenberg
Druck und Bindung: Westermann Druck, Zwickau
Printed in Germany

ISBN 978-3-8001-5906-2

Für alle Hundefreunde

- Alle **Grundübungen**
- **Übungen** zu Pflege und Handling
- **Trainingsfehler** erkennen und vermeiden

Dieses Buch erklärt, wie Sie mit Ihrem Hund die wichtigsten Kommandos einstudieren können. Sie trainieren außer den Grundbefehlen auch Spaßübungen, Handling des Hundes als Vorbereitung für den Tierarzt oder für die Reise und Sie lernen, klassische Fehler zu erkennen und zu vermeiden.

Hundeschule.

Step by Step zum folgsamen Familienhund. C. del Amo, D. Kothe. 2., überarbeitete Aufl. 2007. 128 S., 259 Farbf., 3 Zeich., geb. ISBN 978-3-8001-5572-9.

- Alltag mit Hund – so klappt es
- **Tipps** für Spiel, Sport und Spaß mit Hunden
- **Neueste Erkenntnisse** zum Hundeverhalten
- Hilfe bei **Problemverhalten**

Ein aktueller Ratgeber, der alle Fragen rund um den Hundealltag beantwortet und Sie ein (Hunde-)Leben lang begleitet!

Das große Ulmer Hundebuch.

H. Schmidt-Röger. 2008. 272 S., 280 Farbf., geb. ISBN 978-3-8001-5376-3.

www.ulmer.de